午后的
手作时光

（韩）金贞娥 黄允淑 著
高 烨 译

Sweet Home

河南科学技术出版社
·郑州·

happy up here!

编者序

对于月亮和肥皂泡泡来说，一针一线的每分每秒都是最幸福的时光。起初，她们只是被布艺制品中蕴含的质朴与快乐吸引着，开始了笨手笨脚的学习之旅。后来，看到因收到自己亲手制作的小礼物而感动不已的人们，她们才深深体验到手作无法抗拒的特殊魅力，所以开始了一段与亚麻布相伴的漫漫旅程。

对于看似简单的手作制品，朋友们经常会问："手作对你的生活有什么特殊意义吗？你觉得手作有什么特别价值呢？"对于自称为"手作人"的她们，任何时候都只有一个答案：虽然手作看起来就像呼吸一样平常，但是由此诞生的作品却具有独特的意义，绝非每天成千上万从工厂里生产出来的产品可以比拟。对于手作制品来说，无论是物品本身，还是用于制作小物的每一块布料，甚至上面的每一颗纽扣，都蕴含着浓浓的情意。因为手作者的真心实意会随着一针一线传递到作品的每一处，并赋予它们特殊的意义。在她们看来，"手作"远远超出了单纯地手工缝制行为本身，而是一种生活态度。

在某个秋日的午后，阳光洒满了咖啡馆，她们倚靠在窗边的桌前，享受着简单快乐的幸福时光，脑海里也全都是关于手工制品的灵感与构思：是否能用针线把阳光温暖的感觉在作品中表现出来？与桌上的鲜花相配的印花布料在哪里能买到？仿佛一起分享这种弥漫着质朴又甜蜜的想象，正是她们二人一起创意手作获得的最大乐趣。

手作的过程会让人获益良多——沉静思考的构想时间，对成品的希望与期待，亲手制作礼物时紧张又兴奋的心情……一年365天，手作使她们每天都能保持雀跃的心情，愉快地生活。缝制一针一线的时光与心情，日后必将会成为幸福的回忆。让我们通过月亮和肥皂泡泡介绍的自然风格亚麻制品，向手作世界迈出第一步吧！很好，你的幸福指数和情感指数也会随之一天天地提高。

目录 Contents

有*标记的作品可参考实物版型制作

手作之前请仔细阅读　6
一定要熟知的缝纫基础知识　7
NO.1 基本工具与辅助工具　8
NO.2 选择与整理布料的方法　10
NO.3 熟悉五花八门的缝纫针法　15
NO.4 随心所欲的时尚手作技巧　19

31
情侣T恤
制作方法 P44

33
竹柄托特包*
制作方法 P46

34
皮提手圆筒形托特包*
制作方法 P48

36
蕾丝花边三角巾
制作方法 P37

39
野餐篮
制作方法 P50

40
吊环钥匙包*
制作方法 P52

57
拼布风围裙*
制作方法 P70

58
厨房脚垫
制作方法 P74

59
绗缝室内鞋*
制作方法 P72

61
格子桌布
制作方法 P76

62
微波炉防尘罩
制作方法 P63

64
咖啡滤纸袋*
制作方法 P78

65
杯垫
制作方法 P75

68
毛毡保温罩与茶杯垫*
制作方法 P80

84
复古马赛克包
制作方法 P104

85
夹框式口金包*
制作方法 P106

86
男式格纹包
制作方法 P108

87
卡片夹
制作方法 P110

88
自然风褶皱围巾
制作方法 P89

90
亚麻花朵发绳*
制作方法 P91

92
名片夹*
制作方法 P112

93
护照夹*
制作方法 P114

94
大容量口金包*
制作方法 P116

| 96 拉链手袋 制作方法 P118 | 96 弹簧式收口化妆包* 制作方法 P120 | 98 折叠式购物袋 制作方法 P122 | 101 展开翅膀的连衣裙* 制作方法 P124 | 102 口罩套 制作方法 P126 |

130 纸巾盒 制作方法 P144　　131 多功能收纳袋 制作方法 P146　　133 布艺灯罩 制作方法 P147　　135 迷你小房子针插* 制作方法 P148　　136 毛毡盆栽套 制作方法 P137

138 手巾大改造 制作方法 P139　　140 迷你刺绣帘 制作方法 P150　　142 布相框 制作方法 P152　　159 书桌上的留言板 制作方法 P174　　160 布书衣 制作方法 P176

161 迷你毛毡相簿 制作方法 P178　　162 皮笔袋* 制作方法 P163　　164 手机核桃吊饰 制作方法 P165　　168 悬挂式收纳袋 制作方法 P180　　171 粉红色羊毛小熊* 制作方法 P182

173 亚麻泰迪熊* 制作方法 P179　　186 婴儿手套* 制作方法 P200　　187 婴儿袜套* 制作方法 P201　　188 婴儿包毯 制作方法 P202　　189 手偶之白兔哥哥/妹妹* 制作方法 P204,205

191 动物大头枕* 制作方法 P206　　193 婴儿室内鞋* 制作方法 P208　　194 羊毛球风铃 制作方法 P195　　197 宝宝系带软帽* 制作方法 P210　　198 便携式宝宝睡袋 制作方法 P212

1
使用健康舒适的亚麻布与纯棉布

亚麻布是用从亚麻的茎秆中抽取出的纤维织成的一种面料，一般分为100%纯亚麻布和加入棉花与羊毛等材料混纺的半亚麻布两种。因为亚麻布的吸水性和透气性很好，而且容易清洗，所以常用于制作饰品、夏装和厨房用品。与其他布料相比，亚麻布和纯棉布散发出一种自然清新的感觉，这正是它们独特的魅力所在。

除了在专门的布料商店购买之外，最近在网店同样也能买到这些天然材质的布料。如果要我推荐一些具有代表性的网上布匹商店（以种类、颜色和图案丰富为标准），我会推荐以下几家：

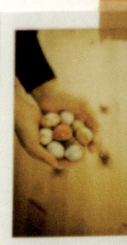

※ 某天午后　www.oneafternoon.co.kr
※ Nesshome　www.nesshome.co.kr
※ Simplesewing　www.simplesewing.co.kr
※ 针线世界　www.qcraft.co.kr
※ Mono carft&living　www.monocnl.com

check!
手作之前
请仔细阅读

2
100%活用实物版型

本书介绍的大部分作品可以直接利用实物版型制作。先用复写纸将图案描绘下来，再将描好的图案贴在厚纸上，沿着图案边缘剪下。将剪好的厚纸片放在布上，沿着边缘将图案描画在布上再裁剪。对那些所需布料呈方形的作品，书中没有另附参考的实物版型。制作时，只需参照"裁剪方法"中的图示尺寸准备布料即可。你可以先阅读P8~P25的缝纫基础讲解，再开始制作，那样更容易理解。

书中介绍的作品都是按实际使用的布料和制作方法完整记录的。如果你正在为买不到和书中一样的布料而苦恼，那可以先试着使用容易找到的布料，如不再穿的衣服或手作剩余的小布块等。灵活运用可以再利用的亚麻布，完成一个新物品时，会非常有成就感。并且，书中大部分的作品都是利用针线拼接小布块制作的，让成品的风格更独特。所以就算你使用随意准备的小布块，也能做出别具匠心的作品来。

3
尝试运用各式各样的布料

Basic Skills

一定要熟知的缝纫基础知识

Lesson Note

Basic Skill　**NO.1**　基本工具与辅助工具

基本工具

- **❶尺**　测量时使用，尺上还标有不同的缝份宽度。这种尺一般分为15cm和30cm两种长度，做小物件时使用15cm长的尺更方便。
- **❷布用水性笔**　在布料上描画图案时使用的专用笔，笔尖的纤细程度和普通水性笔一样，可以画出很细的线条，遇水也不易晕染。
- **❸手缝线**　手作时最常使用的线。它是用亚克力纤维制作而成的，用这种线打的结既小又结实，方便且耐用。
- **❹刺绣线**　在布料上刺绣装饰图案或字母时使用的线，一般25号刺绣线最为常用。这种线很长，容易缠在一起，所以一般会将它们一根根分开，每50cm为一段，穿针后使用。
- **❺针插**　保管针的工具，可以牢牢地插住绣花针和珠针。
- **❻珠针**　比文具类的大头针更细长，可用它固定布料或将裁剪版型固定在布料上，让缝纫更容易。
- **❼绣花针**　分为缝纫用针和刺绣用针。缝纫用针比一般的针更细小；刺绣用针很细，但针眼大。

> 缝纫用针的针眼较圆，针尖更尖，针的号码越大，针就越细小。一般我们是根据布料的薄厚挑选针的。1～5号针适用于比较厚的布料，6～8号针适用于薄厚适中的布料，9号与10号针适用于轻而薄的布料，11号与12号针适用于非常纤细且薄的布料。

- **❽剪刀**　专门用于裁剪布料的剪刀。

辅助工具

- ❶ **针线盒** 存放各种缝纫工具的盒子,做一两个备用很不错。
- ❷ **香氛** 萃取精油后凝结浓郁香气的液体。洗衣服时滴几滴在最后一次漂洗的水中或熨衣服时喷洒一点,效果都很好。
- ❸ **小剪刀** 剪断缝线或线头时使用的小剪刀,准备一把会很方便。
- ❹ **亚麻带** **装饰标签** **纽扣** **小饰物** 随意使用一两样小饰品,就能给作品带来画龙点睛的效果,建议每种都准备一些。

Basic Skill　NO.2　选择与整理布料的方法

基本布料与购买要领

　　手作时，最常使用的布料就是亚麻布，它分为100%纯亚麻材质的"亚麻布"和棉麻混纺的"棉麻布"。购买时，商家一般以90cm（1码）为一幅出售，不过根据所选布料的种类不同，幅宽也会略有差别，一般为90~140cm。有时商家也会按一幅布的1/4尺寸出售。当然，根据作品的用途和性质来选择合适的布料是选购的基本原则。并且，从布料的薄厚，到样式的新旧、是否退色、印花图案的大小比例是否合适……各个方面我们都要仔细确认。特别是近年来人们越来越倾向于网上购物，购买前一定要理解并熟知手作领域的词汇和布料名称，否则就可能因一时冲动买回了不合用的布料。

首先洗涤熨烫布料

制作之前，最好先把要使用的亚麻布洗熨平整，这样既可去除生产过程中附带的灰尘，也可以预防作品洗涤后收缩变形，还能充分展现出布料的天然色彩和固有的质感。

布料的洗熨方法

1. 将布料用温水浸泡1~2h（小时）后用力揉搓，再漂洗两三次。

2. 将布料拧干后，摊开晾晒，自然风干。

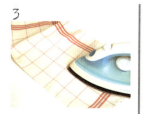
3. 在布料没有完全干透之前，用熨斗熨烫。若喷洒一点香氛，布料会散发出淡淡的香味。

成品的洗熨方法

1. 将脏污的成品用温水充分浸泡。

2. 用手掌撑开成品，均匀地涂上肥皂，并用力揉搓。从比较脏的地方开始，直至全部搓洗干净。

3. 冲洗干净，用毛巾轻轻擦拭，去除表面的水分。

4. 将成品放在通风良好处晾晒，使其尽快干透。在成品没完全干透之前，用熨斗熨烫平整。

11

Basic Skill

 本书介绍的作品大部分可以利用实物版型轻松完成。
没有实物版型时,请根据以下方法,
在布料上直接画出图案,预留缝份,再加以裁剪。

提供实物版型作品的裁剪方法(以婴儿鞋为例)

1

根据实物版型准备所需的布料,在布料的背面放上版型,沿着版型的边缘用布用水性笔画出线条和标记。裁剪图案时,四周要预留1cm的缝份。图中为在里布背面画完成线。

2

图中为利用实物版型描画鞋面(即表布)。以完成的里布表面为标准,将图案描绘在表布上,画的时候要注意左右对称,然后翻转使用。

3

裁剪好的婴儿鞋鞋面(表布)和里布。

不提供实物版型作品的裁剪方法 (以杯垫为例)

1

一般作品采用直线图形布料制作时,不提供实物版型。首先根据图示要求准备所需的布料,然后用布用水性笔在布背面画出完成线。

2

图中为裁剪好且预留缝份的布料。

灵活使用熨斗 使作品更完美

从准备布料到处理缝份，为了使作品更完美，要特别注意熨烫技巧。最重要的一点是，折好缝份后，用熨斗一次性准确无误地熨烫平整，这时再机缝固定边缘，不仅布料不会褶皱，成品效果也会更美观。

两次折叠

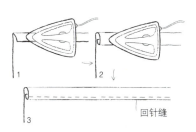

将缝份向内折两次再以回针缝固定，边缘会整理得很平整。每折一次就用熨斗的尾部按压熨烫一下。虽然在制作过程中可能会省略了熨烫步骤，但是请记住，熨烫是缝纫的基本工序。

处理缝份

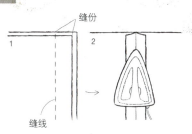

手缝拼接两块布之后，一般会将针脚处理得干净利索。将缝份向两边摊开，使缝份和针脚分开，再用熨斗熨烫平整。

添加胶衬

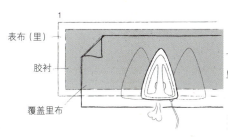
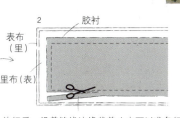

胶衬可以增加布料的硬度，使材质更挺实。最简单的方法就是用熨斗熨压使布料瞬间黏合。在表布背面直接放上要胶粘的部分，上面衬上薄布，用熨斗以140~160℃熨烫。此时，不要来回移动熨斗，而应在每个部位按压10s（秒），用蒸汽和压力使布料完全黏合。不过，这种熨烫只能在布料完全晾干后进行。

Basic Skill

为白色蕾丝染色

1. 将适量红茶和少许盐放入锅中煮沸,煮好后捞出茶叶。

2. 将白色蕾丝先用冷水浸湿,再放入红茶水中煮。

3. 待蕾丝的颜色达到所需标准时取出,拧干后晾干。因为煮的时间越久颜色就越深,所以煮的时候要注意观察颜色的变化。

4. 图中为染色后的成品,颜色比市售的白色蕾丝更自然、更有档次。

毛毡制品的保管方法

洗涤方法和不起球的要领

毛毡是利用蒸汽、热度和压力压缩羊毛纤维制成的布料,缺点是很容易起球。最近新推出了一种不起球的毛毡,很好地弥补了这个缺陷。要想毛毡不起球,清洗时不能使劲揉搓,首先要用温水浸泡,充分打湿,然后再加入洗衣液,轻轻揉搓有污渍的地方。洗好后不能拧干,而要用毛巾按压,吸出水分,然后放在通风处阴干。若是制品起球了,可以用小剪刀剪掉或使用抗起球剂清除。

制作毛毡制品需要的工具

- **羊毛** 羊毛有丰富的色彩,从普通的56号至柔软的70号都有,使用时可以根据成品的用途和样式来挑选。

- **毛毡垫** 因为毛毡专用针很纤细,非常容易折断,所以缝制时最好在下面垫一个毛毡垫。

- **毛毡专用针** 这种针与一般的针不同,特点是表面凹凸不平,这样才容易钩住羊毛。根据挂针的根数多少,一般可分为1股针、3股针和5股针。

❶ **1股针**:需要刺得很深、作品较硬及刺绣细腻的图案时使用,可用于平面和曲面。

❷ **3股针**:绣较大的图案或需要刺得很深时使用,它的效果是1股针的3倍,适用于平面花纹。

❸ **5股针**:刺得很浅,处理又厚又软的整体图案时使用,适用于平面和曲面。

Basic Skill | **NO.3** 熟悉五花八门的缝纫针法

一切，从打结开始

起针前打结（以右手拿线为准）

左手持针，右手拿线，让缝线与针垂直，穿入针眼，然后线在针上缠两圈，捏住线圈使其不松散，再抽出针即可。

收针时打结

缝好后，在最后一个针脚处将针放平，线在针尖上绕两三圈，然后抽出针，并拉紧线即可。

最常用的四种基本针法

平针缝

平针缝是最基础且最简单的缝纫针法。从开始缝的位置（1）出针，向前穿针（2入3出），一次连缝3~5针后拽出缝线。这种方法主要用于拼接布料或修补破洞，也可以在暗缝处压明线。平针缝的特点是每针的长度都一致。

回针缝

回针缝是拼接布料时最常用的针法。从两针之间出针（1），返回来从最右端入针（2），缝一针的长度出针（3），再返回上一次出针处入针（1），如此反复缝制即可。这样反面会出两层线，十分结实，针脚更细致。

Basic Skill

暗针缝

本书介绍的所有作品，收口都是用暗针缝完成的。暗针缝，顾名思义就是在作品表面看不见针脚的针法，通常用于拼接两块布料或补洞时使用。具体缝法：拼接两块布料时，针从上方布料的内侧入针，由表面穿出。在下方布料的表面插入，向前缝一针后抽出，并拉紧线。然后从上方布料的表面插入，同样向前缝一针后抽出。重复以上动作即可，它与贴布绣技法相似。

锁边缝

将两块布料或毛毡叠在一起缝制时最常用的方法，建议初学者使用比较厚的材料练习。

1
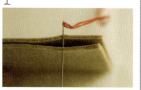
将两块布（或毛毡）叠放在一起，从重叠处的内侧入针，如图由布表面出针。

2
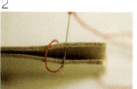
由另一块布表面入针，再从两块布之间出针。

3

拉紧线，两块布之间就会出现一条直线，此时把线拉出来，这条线就成了连接两块布料的实线。图中为从两块布之间露出的缝线。

4

将缝线先绕一个圆圈，针直接穿过两块布，再从绕好的圆圈中出针并拉紧。

5
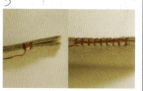
两块布之间除了刚才的竖线之外，又多了一条横线连接。如此反复缝制，就会形成连续的针脚。

6

布料正面针脚的形状，每一针的间隔和长度都一致。

锁边缝的用途

锁边缝可用于缝毛毯边、扣眼或用于贴花，具有很好的装饰效果。把线压在针下面，然后拉紧线，形成宽度一致的图案。

丰富多彩的装饰针法

链式绣

针脚如链状的圆环图案，一环扣一环。可通过绣线的粗细和抻拉程度来调整图案线条的粗细，就算仅采用链式绣技法，也能绣出好看的图案。

轮廓绣

勾勒轮廓或绣植物的茎干时使用。从左至右，按每缝一针就要重叠半针的方法一直绣下去。

缎面绣

将图案填满的一种刺绣技法，常用于绣字母、花瓣和树叶等小图案。

如何整理绣线

刺绣时常使用25号刺绣线。因为6股线经常缠绕在一起，所以一般只抽出要使用的那股。

1. 一次抽出所需长度（40~60cm）后剪断。
2. 对折绣线，抽出所需的股数。
3. 握住绣线的两端，拉直后使用。

Basic Skill

长短针绣

利用长短针的交替变化绣出图案。基本的技巧是从外向里绣，每一针都要比前一针长一点或短一点，使针脚的长短有所不同。采用这种技法，可以绣出阴影效果。

法式结粒绣

这种技法可以绣出像纽扣般突出的效果，主要用于绣小圆点或种子等图案。针在布的表面出针后，将绣线在针上绕两三圈，再从出针旁边的位置插入，然后拉紧线，就能绣出很漂亮的小圆点了。刺绣时，可以通过改变绣线的缠绕圈数，来调整圆点的大小。

雏菊绣

绣花朵时经常使用的技法。让缝线在布上绕一个圆圈，呈花瓣状，针从花瓣的顶端出针，在花瓣上方交叠缝两针即可。采用相同的方法完成5个花瓣图案，一朵花就完成了。

Basic Skill NO.4 随心所欲的时尚手作技巧

关于滚边

可以根据具体情况购买各种尺寸和颜色的布料,并在布料上添加滚边。如果想让滚边成布艺的亮点,可依个人喜好选用不同款式和色彩的滚边,搭配出不同的风格。你也可以选择自己喜欢的布料,亲自动手制作滚边。根据滚边的不同用途,具体制作方法如下。

制作滚边

制作滚边时,最好先了解一下如何分辨布的经纱和纬纱。经纱是布的纵向纹理。抓住布的两端,沿纵向纹理拉扯时,布不会变长,线也不会松散,一般以(↕)图示表示。纬纱是布的横向纹理。沿横向纹理拉扯时,布会略微变长,一般以(↔)图示表示。斜纹滚边则是沿着布料的对角线方向(45°)取材,主要是因为此时布料的延展性最佳,一般用(X)图示表示。

❶直线滚边

沿着布的经纱方向裁剪制作而成的滚边,主要用于边缘呈直线或布料呈方形的情况。需要的滚边长度=最终成型的滚边长度×4+7mm。如果滚边的长度正好是7mm,就不要留缝份,直接按3.5cm宽裁剪即可。

❷斜纹滚边

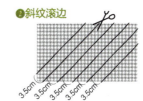

沿布的对角线裁剪制作而成的滚边。如果需要缝滚边的位置为曲线,就使用延展性最佳的斜纹滚边。需要的滚边长度=最终成型的滚边长度×4+7mm。如果滚边的长度正好是7mm,就不要留缝份,直接按3.5cm宽裁剪即可。

使用滚边器

使用市售滚边器能更轻松、快捷地制作滚边。裁剪好3.5cm宽的滚边布条,放入滚边器的后部,将布翻过来。用力拉手柄,两边的缝份就留好了,熨烫平整后即可使用。

缝制滚边

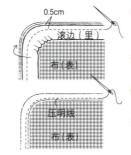

❶ 将滚边布的表面和布料的表面相对叠放,对齐后手缝,预留缝份的宽度为5~6mm比较合适。

❷ 将滚边翻折至布料的另一侧,包裹并遮住缝份。

❸ 在布的另一面把滚边的缝份向里折,再用熨斗熨烫平整。

❹ 采用暗针缝,使针脚不外露。也可以在布的表面,在步骤1中滚边的缝线处以双线缝加以固定。遇到边缘为曲线时,需要将缝份剪出牙口。

Basic Skill

挑战贴布绣

根据选用布料不同,贴布绣可分为两种形式。

布料贴布绣　以暗针缝凸显图案效果

1

在布表面细致地画出图案,图案的边缘要预留0.5cm缝份,然后裁剪图案布。

2

将图案布放在底布上,图案布中央先用彩线疏缝固定,以免随意移动。

3

沿着图案布的边缘线将缝份向里折,再用暗针缝连接图案布和底布。

4

若出现凸起或凹陷的地方,就用剪刀稍微修剪一下缝份,这样就能完美呈现装饰效果。

5

全部绣完后,要将结打在布背面。

6

擦去最初画的图案,再拆掉疏缝在中央的彩线即可。

剪牙口

制作弧线轮廓的作品时,为了使作品缝完翻面后针脚平整,需要将部分缝份按固定间隔剪出几个缺口。所剪的位置应选在距离缝线2~3mm处。遇到弹性较佳的面料时,剪的缺口要尽量小。

毛毡贴布绣　针脚也是一种点缀

1

在装饰用的毛毡上画出图案，无需预留缝份，直接裁剪。

2

在打底毛毡上放上装饰毛毡。第一针要从毛毡的背面入针，由内向外出针。

3

针沿着装饰毛毡的边缘插入打底毛毡，使装饰毛毡的边缘和针脚呈垂直状。

4

与缝扣眼的方法一样，按一定的间隔继续缝制。

5

即使选用与装饰毛毡不同颜色的缝线，也会有不错的效果。

预留返口的翻缝要领

本书介绍的大部分作品，在成品的边角均看不见针脚与缝线。这种缝制方法的要领是，先在布的背面缝，预留一定长度的返口，通过返口翻面，折入返口处的缝份，再以暗针缝收口。虽然步骤并不复杂，但却是提升作品整体质量的重要环节。

Basic Skill

缝扣眼

1

在布上标出扣眼的位置。将双层布对折，剪刀对准标示的位置剪开。

2

从双层布之间入针，在上层布的表面出针。

3

将针线绕至底层布的表面入针，再从双层布之间出针。

4

拉紧线后，上下两层布之间会出现横切布面的针脚，图中为缝线从两层布之间露出来的样子。采用同样的方法上下各缝一针。

5

握住上下两层布，让针垂直穿过两层布，将中间的线压在针下再拔出针。

6

重复同样的针法，保持间隔一致继续缝。

7
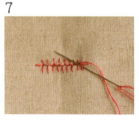
最后一针要钩在第一针上。

8

完成了。

9

扣上纽扣的样子。

添加各式各样的装饰材料

普通带洞纽扣　扣眼大小＝扣子的直径＋扣子的厚度＋缝份（约3mm）

① 在要缝扣子的位置下方出针，穿过一个扣洞后，再从另一个扣洞入针，然后从布下方出针。
② 纽扣和布之间要保留一点空间，重复缝三四次后，从纽扣与布之间出针。
③ 用缝线缠绕纽扣与布之间的线三四圈，呈柱状，此时再从布背面出针。
④ 打结后在针脚下方轻轻缝一针，剪去多余的缝线即可。

钩扣与钩环

① 在布上准确标出钩扣和钩环的位置，针从标示的位置穿过钩环洞，从下向上出针。
② 在距离钩环外缘2mm的位置入针，缝一针后，在钩环洞的内侧出针。压住线，边挂上线，边向钩环洞的外侧入针并拉紧，重复四五次，采用扣眼缝技法。
③ 针线穿过布料，由另一个钩环洞的内侧出针，采用同样的方法缝制。当所有的洞都缝好后，再多缝一针，从背面出针并打结，然后剪去多余的缝线。
④ 在选定的位置5mm范围内放上钩扣，以扣眼技法缝四五次。从洞里出针，缝线绕出一个圆圈，把针压在线下，从线圈中出针并拉紧线。
⑤ 缝完一个洞再缝下一个，重复同样的针法。三个洞全都缝好后打结，再用剪刀剪去多余的缝线。

子母扣

缝线绕一个圆圈，针从圆圈内穿过，再穿过扣洞　　拉紧线并打个结　　重复四五次

① 凸起的子扣缝在上方布上，凹陷的母扣缝在下方布上是基本原则。先在布上标出要缝扣子的位置。
② 从扣洞的一边出针，缝线绕一个圆圈，让针从圆圈中穿出并穿过扣洞。这样重复扣眼缝四五次，扣子就固定住了。缝完一个扣洞后，采用相同的方法缝其他扣洞。
③ 所有的扣洞都缝好后，再补一针，从反方向出针并打结，然后剪去多余的缝线。

Basic Skill

转绣网技法

1 在要刺绣图案的布上放上转绣网,转绣网的四周先疏绣固定。

2 绣出十字绣图案(具体刺绣方法参见下面的内容)。此时需要注意的是,不要绣得太紧,以免完成后不容易拆线。

3 紧贴着十字绣图案把多余的转绣网剪掉,然后用镊子将余下的转绣网一点点拆除。先抽去蓝色的线,再抽出其余的线即可。

4 布上绣出字母图案的效果。使用十字绣专用的转绣网时,用绣框固定布,刺绣更方便。

十字绣针法

1 在想要绣十字绣的格子内找到位于左下角的洞,从布后面向前面出针。

2 从对角的右上角洞入针,再从平行的左洞出针。

3 采用和步骤2一样的方法,从对角线的上方入针,再从左边的平行位置出针。

4 采用同样的方法,在图案所标示的格子上重复绣。

5 在图案所在的格子内反复绣过后,再从上向下绣出十字形。此时,在对角线右下角的洞入针,再从左边的平行位置出针,如此反复即可。

6 绣至用斜线绣的起始位置,就能绣出一个十字的图案了。

7 在布的背面,所有针脚排成一条直线,每一针扣着前一针。收针时不要打结,用针穿过水平方向的三四个针脚即可。

8 用剪刀剪断多余的绣线,这样即使收针时不打结,绣线也不会散开。

制作羊毛球的基本技法

通过制作羊毛球了解毛毡制品

1
准备好用于制作羊毛球的羊毛5g,从末端开始,两手间隔约10cm,一点一点把羊毛撕开。

2
将撕下来的羊毛一段段叠放整齐,不要让所有的羊毛纹路都朝着一个方向,要交错排列,每段羊毛都要与相邻的羊毛纹路相反。

3
从底部开始把羊毛卷成圆球状。

4
将羊毛均匀地卷绕,这样才能做出一个漂亮的羊毛球。

5
把卷好的羊毛放在海绵垫上,用专用1号针反复钩戳羊毛。要均匀地钩戳,羊毛球才会浑圆,不易起球。

6
用贴花钻孔机边滚动羊毛球,边均匀地扎孔。

7
各种颜色的羊毛球成品。

手作时,你感觉有困难吗?

欢迎光临月亮与肥皂泡泡的博客。本书介绍的大部分作品,在她们的网站里都能买到材料包。如果你是个手作新手,正为该如何准备布料和如何配色而苦恼,通过半成品开始学习手作也是个不错的方法。当然,这里还能欣赏到各式各样质朴风格的手作小物。欢迎大家常来"某天午后"网站,看看月亮与肥皂泡泡的新作。希望大家都能创作出令人爱不释手的手缝小物,为生活增添无限情趣。

www.oneafternoon.co.kr

神清气爽的早晨,一起去散步

在清晨凉爽的空气中悠然漫步,

优雅的野餐篮里装着饮品与三明治。

在公园中悠闲散步,度过怡然宁静的时光,

清新的自然景色,最适合风格质朴的亚麻制品相配。

Couple Shirts

制作方法 P44

巧用零碎布料让白T恤焕然一新
情侣T恤

制作方法 P46

竹制手柄，200％提升自然风情

竹柄托特包

Bamboo ring Tote Bag

制作方法 P48

所有杂七杂八的物品皆可收纳的牢固宽大袋底

皮提手圆筒形托特包

虽然有时只是短暂地出门散散步,可是还会带上许多杂七杂八的东西。想坐在长椅上阅读的小说、方便实用的午餐盒、钱包和钥匙……想拥有一个袋底宽大的手提包吗?学着做一款结实耐用的圆筒形袋底托特包吧!

Lovely Bandanna

工作与外出均适合的时尚配饰
蕾丝花边三角巾

制作方法

o **布料**
表布: 色彩图案艳丽的纯棉印花布 52cm×27cm
里布: 乳白色纯棉布 52cm×27cm

o **其他材料**
棉质蕾丝110cm
蝴蝶结吊饰

o **成品尺寸**
50cm×25cm（蕾丝部分除外）

o **基本裁剪方法**
在表布和里布背面画出完成线，四周各预留1cm缝份后即可加以裁剪。

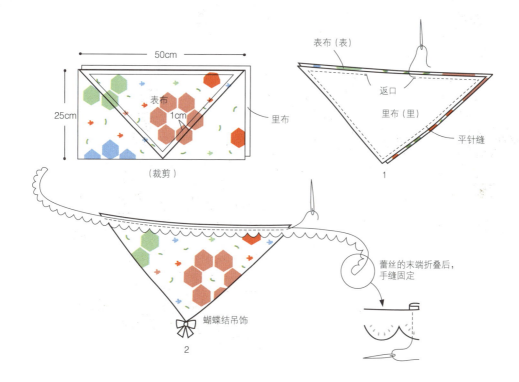

1. 将表布与里布依图示裁剪，表面相对叠放，边缘对齐，再以平针缝缝合，在三角形底边上预留约10cm的返口。

2. 通过返口翻面，以暗针缝收口。将棉质蕾丝的两端各折入0.5~1cm后手缝固定，再沿着三角巾底边以暗针缝缝上蕾丝，最后在三角形顶端缝上装饰用的蝴蝶结吊饰即可。

制作方法 P50

5.

以独具特色的竹提篮打造奢华的野餐之旅

野餐篮

精致小巧，可收纳多把钥匙的三折小包
吊环钥匙包

制作方法 P52

Enjoy your weekend morning!

抛开世俗的喧嚣，身心都沉浸在周末清晨的恬静里。在大自然中，舒适的亚麻与棉质小物更加魅力四射。

P31
情侣T恤

◦ 布料
男款：蓝色系的布块、皮革1小块、彩色纽扣2个、木纽扣1个

女款：粉红色系的布块、皮革1小块、彩色纽扣2个、木纽扣1个

注：制作时需要依T恤的尺寸来调整装饰布料的尺寸，请参考本范例进行适当调整。男款T恤的胸围尺寸为110cm，女款T恤的胸围尺寸为95cm。

◦ 基本裁剪方法
在各种布料的背面画出完成线，周围预留1cm缝份后裁剪；皮革无须留缝份。

● 裁剪方法

领口部分

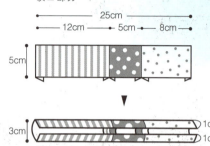

T恤底边装饰用布

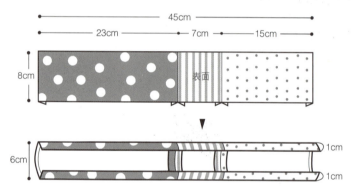

依尺寸裁剪的要点

❶ 裁剪领口装饰用布时，必须测量T恤的完整领口，再依尺寸裁剪适当的宽幅和长度。

❷ 裁剪T恤底边的装饰用布时，先测量T恤的宽幅和长度，再裁剪适当的宽幅和长度。

❸ 口袋装饰布为9cm×10cm，预留缝份后加以裁剪。

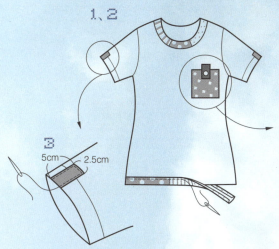

缝上纽扣

制作方法

1. 依图示尺寸准备好用于领口和T恤底边的装饰用布，组合拼接后作为装饰滚边。底边尺寸请以欲改造的T恤尺寸为准；滚边技法参见P19。因为滚边是加在T恤底边处，所以采用直线滚边也可以。

2. 在领口和底边正面手缝装饰滚边，然后在适当位置缝上彩色纽扣做点缀。

3. 准备好尺寸为2.5cm×5cm小布块，如图缝在袖口处装饰。

4. 将口袋用布的袋口部分向内折叠两次后手缝，其他三边预留缝份，再用熨斗熨烫平整。将口袋用布放在T恤上，除袋口外的三边手缝固定。在皮革的一端剪出扣眼后，如图缝在T恤上。在口袋的对应位置缝上木纽扣后，将皮革向下折，扣在木纽扣上即可。

P33
竹柄托特包

▫布料
表布：
印花纯棉布 54cm×21cm
米黄色亚麻布 65cm×36cm
蕾丝花纹布 38cm×36cm
连接手柄用纯棉布 34cm×25cm

里布：
里布 88cm×36cm
口袋布 25cm×32cm

▫其他材料
竹手柄1对
标签适量

▫成品尺寸
42cm×39cm（未计入手柄高度）

▫基本裁剪方法
❶ 根据实物版型裁剪出所需布料。在布背面画出完成线，四周预留1cm缝份后加以裁剪。作品需要使用前后两块表布，需注意这两块表布应左右相对。即利用实物版型裁剪时，左右两边是相反的。里布和口袋布使用条纹布。
❷ 参考图示尺寸，裁剪未提供实物版型的长方形口袋布和连接手柄用布。

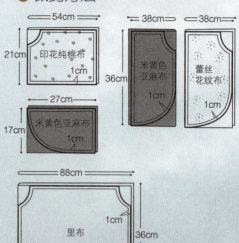

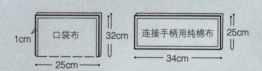

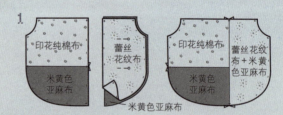

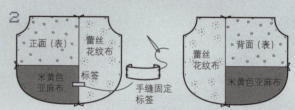

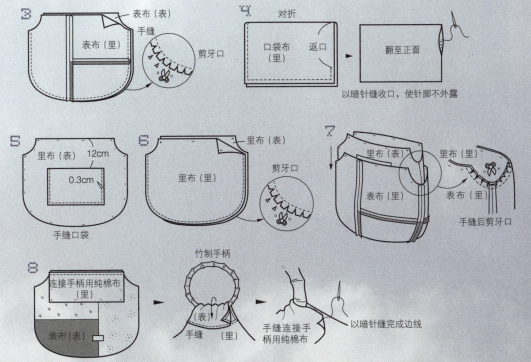

制作方法

1. 取印花纯棉布和米黄色亚麻布各一块，将它们如图拼接缝合。然后在19cm×36cm的米黄色亚麻布上铺上蕾丝花纹布，先用珠针固定，再将这两部分如图拼接，一块完整的表布就完成了。

2. 采用与步骤1相同的方法，将左右两边的材料对调一下，完成另一块表布。在表布下方缝一个标签做装饰。

3. 将两块表布正面相对叠放，边缘对齐后手缝，底部两端的圆弧形曲线部分缝份需剪出牙口。

4. 将口袋布正面相对对折，缝合三边但需要预留返口。将口袋通过返口翻面，再以暗针缝收口。

5. 在其中一块里布上，距离上缘12cm的位置放上步骤4完成的口袋布，将口袋布的两边和底边缝合，包内口袋就完成了。

6. 将两块里布正面相对叠放，对齐后缝合三边，底部两端的圆弧形曲线部分缝份需剪出牙口。

7. 将里布袋翻面，装入表布袋中，此时表布与里布的表面相对。上缘对齐后，沿着完成线缝合固定。袋口两边的圆弧形部分需手缝，缝份应剪出牙口。

8. 在手提袋上放上连接手柄用纯棉布，对齐后固定一边，再加入竹制手柄，然后将布向袋内翻并缝合，侧边以暗针缝完成即可。

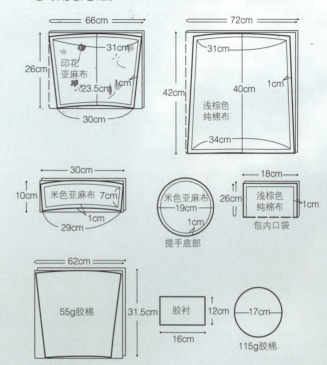

裁剪方法

P34
皮提手圆筒形托特包

布料
表布：
印花亚麻布66cm×26cm
米色亚麻布52cm×20cm
55g胶棉62cm×31.5cm
袋底用115g胶棉17cm×17cm

里布：
浅棕色纯棉布90cm×42cm
胶衬16cm×12cm

其他材料
皮革提手2条（2cm×36cm）
装饰标签1个
紫色绣线适量

成品尺寸
直径20cm，高32cm
（未计入提手高度）

基本裁剪方法
根据实物版型裁剪出各种尺寸的布料，在布背面画出完成线，四周预留1cm缝份后加以裁剪；胶棉、胶衬和皮质提手无须预留缝份。

制作方法

1. 沿着完成线拼接印花亚麻布和米色亚麻布，完成后在表布背面用熨斗熨烫55g胶棉，然后在米色亚麻布的边缘，用紫色绣线以平针缝绣出一道装饰线。将装饰标签的两端缝份略折入，再用紫色绣线以平针缝缝在手提袋的正面。

2. 制作包内口袋：将尺寸为18cm×26cm的浅棕色纯棉布对折，在没预留缝份的一面贴上胶衬，然后手缝三边，应预留返口。通过返口翻面后，以暗针缝收口。袋口部分用紫色绣线以平针缝加上装饰线。

3. 在浅棕色纯棉里布上，距上方边缘10cm处放上步骤2完成的包内口袋，以平针缝固定。

How to make

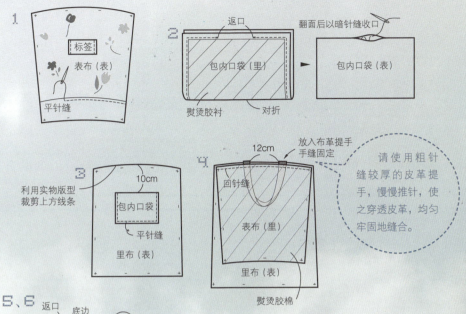

4. 在步骤3完成的里布上参考图示放置皮革提手，先疏缝固定，再放上一块表布（二者表面相对），上端边缘对齐后手缝袋口部分。提包前后两面的表布和里布拼接方法相同。

5. 将步骤4拼接完成的两块表布和里布如图展开，二者表面相对，边缘对齐，在里布的底边预留10cm返口后，沿着完成线手缝。

6. 连接袋底：在依表布袋的形状裁剪出直径为19cm的米色亚麻布，背面熨烫上未留缝份的115g胶棉，然后对齐完成线手缝。沿对角线剪去里布袋两端边角的缝份，熨烫整平后折成三角形，与缝份垂直，手缝一道17cm长的三角形底边，袋底就完成了。

7. 通过里布袋上预留的返口，将里布和表布全部翻至正面，再以暗针缝收口。将里布袋装入表布袋中，然后在袋口距边缘0.3cm处，用紫色绣线以平针缝绣出装饰线即可。

裁剪方法

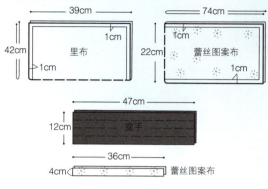

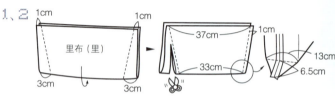

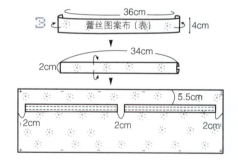

P39
野餐篮

布料

表布：
蕾丝图案布74cm×22cm1块、
　　　36cm×4cm2块

里布：
米色纯棉布39cm×42cm

提手：
棕色纯棉布47cm×12cm2块

其他材料

棉绳170cm、木工胶适量

成品尺寸

27cm×22cm×32cm

基本裁剪方法

① 范例的裁剪尺寸以篮口周长74cm、高11.5cm的竹篮为准。

② 如图所示，在布背面画出完成线，四周预留1cm缝份后加以裁剪。制作提手的棕色纯棉布无须预留缝份，直接裁剪即可。

制作方法

1. 将米色纯棉布表面相对对折，两侧短边如图手缝边线（上缘两侧距布边1cm，下缘两侧距布边3cm）。预留1cm缝份，沿完成线剪去多余的布料，完成的里布袋呈倒梯形。

2. 将里布袋两端的底角部分如图折成三角形，并在顶角距底边6.5cm处抓出13cm长的垂直线，再手缝固定。

3. 将两块尺寸为36cm×4cm蕾丝图案布的左右两端缝份向内折，再折入上下两边的缝份。完成后，参见图示位置，放在尺寸为74cm×22cm的蕾丝图案布上，分别手缝上下边缘。

4. 将步骤3完成的蕾丝图案布表面相对对折，沿着侧边完成线手缝，再将上缘的缝份向内折两次后手缝固定。

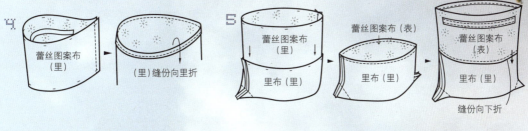

穿入棉绳时

每根棉绳完全穿过布条后，要在绳尾两端打结。由于两边都需要同样的绳结，因此使用两根棉绳制作更方便。

5 将步骤4完成的蕾丝图案布装入里布袋内（里布袋的表面与蕾丝图案布内侧相对），当里布袋上缘的完成线与蕾丝图案布底边的完成线对齐后，先疏缝固定，再细致手缝。然后将蕾丝图案布向上拉起，则会呈现图示效果。

6 将棕色纯棉布如图折成四等份，手缝上下两边后，一条提手就完成了。依相同的方法完成另一条提手。

7 在里布与蕾丝图案布的拼接线以下3cm处缝上提手，同一侧提手两端的间距约为12cm。一定要缝牢提手，建议除了沿边缘手缝之外，还要加缝"×"形以增强牢固度。

8 提袋完成后，应让里布的表面呈现在提袋的内侧。将提袋装入准备好的竹篮内，并在竹篮的底部与里布接触的位置仔细地涂上木工胶，以固定提袋。

9 在竹篮的间隙之间穿针走线，让竹篮和里布更牢固地结合在一起。

10 将棉绳对折后剪成两根，分别穿过蕾丝图案布侧面预留的蕾丝布通道，完成后两端打结，拉紧棉线即可收拢袋口。

裁剪方法

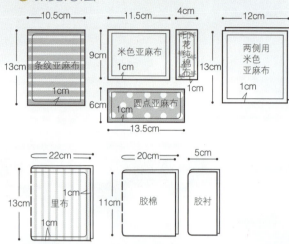

P40
吊环钥匙包

○布料
表布：
米色亚麻布24cm×22cm
印花纯棉布4cm×9cm
圆点亚麻布13.6cm×6cm
条纹亚麻布10.5cm×13cm
胶棉20cm×11cm

里布：
条纹纯棉布22cm×13cm

○其他材料
英文字母标签1个
4孔钥匙扣和钥匙圈各1个
子母扣2组
棉布条5cm
粉红色和棕色绣线各适量

○成品尺寸
20cm×11cm

○基本裁剪方法
根据实物版型裁剪出所需布料，在布背面画出完成线，四周预留1cm缝份后加以裁剪；胶棉无须预留缝份。

1

2

3

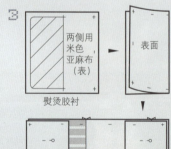

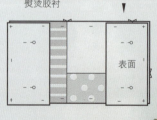

How to make

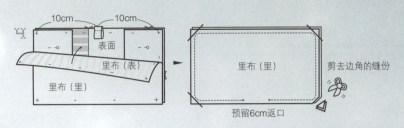

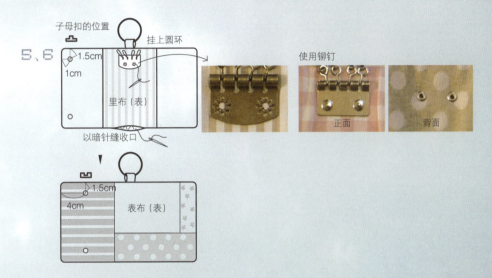

🔘 **制作方法**

1. 将四种图案的表布由小至大，依图示手缝拼接。

2. 在完成的表布背面熨烫未留缝份的胶棉，再熨烫平整。在米色亚麻布上，用粉红色绣线以平针缝绣出装饰线，然后在适当位置点缀英文字母标签。

3. 将两块尺寸为12cm×13cm的米色亚麻布背面熨烫胶衬，对折后，放在表布两端，以珠针固定。

4. 将条纹纯棉里布覆盖在表布上，表面相对叠放，边缘对齐。在钥匙包的上端，表布与里布之间的中央位置放入对折的棉布条（挂吊环用）。下端预留6cm的返口后，沿完成线手缝。剪去四个边角的缝份，再通过预留的返口翻面，以暗针缝收口。

5. 将4孔钥匙扣与里布的中心线对齐，用棕色绣线固定，钥匙圈穿入环状棉布条中。如用绣线固定钥匙扣，可使用棕色绣线；如用铆钉固定，则必须打洞。

6. 在钥匙包表面的左侧和包内左侧的展开部分缝上子母扣即可。子扣与母扣的位置参见图示。子母扣的缝制方法参见P23。

① 11:30
Kitchen goods

周末的午餐约会

穿上漂亮的围裙,烹调美味的菜肴,

放在精心布置的餐桌上,再泡一杯清香的茶。

摆脱了忙碌的工作,现在是悠闲的周末午餐时光。

厨房中点缀亲手制作的实用小物,折射出主人细腻的生活情趣。

制作方法 P70

缝上吸水性极佳的擦手巾，
让普通围裙美丽与实用兼备，装饰与功用俱全

拼布风围裙

Patchwork Apron

双脚踩踏的瞬间也能感受到柔软舒适的厨房必备小物

厨房脚垫

制作方法 P74

Quilting Slipper

03 为家人亲手制作温暖舒适的室内鞋
绗缝室内鞋

制作方法 P72

10

设计风格简洁利落，巧妙运用可爱餐垫做点缀

格子桌布

Check Tablecloth

制作方法 P76

随心所欲组合颜色与图案，
设计也可以随性而为

微波炉防尘罩

制作方法

◦**布料**

表布：米色亚麻布98cm×27cm
　　　天蓝色印花亚麻布98cm×12cm
　　　绿色印花亚麻布24cm×27cm
　　　黄色印花亚麻布24cm×12cm
里布：纯棉布106cm×31cm

◦**成品尺寸** 104cm×29cm

◦**基本裁剪方法**

参考作品设计图及拼接位置，按尺寸和数量准备好布料。分别在布背面画出完成线，四周预留1cm缝份后加以裁剪。

1. 将裁剪好的表布布块从一端开始，如图依序纵向手缝拼接，手缝任意两块布时，针脚尽量不要超过两侧预留的缝份，整齐地沿着完成线手缝。

2. 从左至右依序排列放置拼接起来的9块布条，偶数和基数布条的缝份方向尽量不要交叠，按图示方向熨烫平整。

3. 将步骤2完成的布条从左至右排列对齐，沿着完成线依序拼接。表布背面拼接处，布与布相互连接的缝份应按顺时针方向折好并熨烫。

4. 将完成的表布和纯棉里布表面相对叠放，边缘对齐，沿着完成线手缝，在中央预留10cm返口。将四角的缝份剪去，通过返口翻面，再将返口的缝份向内折，以暗针缝收口，然后仔细熨烫平整即可。

12

厨房墙壁上的美丽收纳口袋，
它是咖啡滤纸与购物单据的家
咖啡滤纸袋

Coffee Filter Case

制作方法 P78

餐桌上的精致点缀，多种布料搭配呈现不同的风格　**杯垫**

制作方法 P75

Tea Coasters

与家中其他房间相比,专属于我的厨房中拥有更多令人爱不释手的可爱手作,地垫、桌布、手巾……令我流连于烹调美食的幸福时光。

Happy cooking time in my kitchen!

虽然只是细小的饰品,但也能将生活空间点缀得多姿多彩,这就是亚麻布与纯棉布的魅力!

19

闲静的品茶时光,茶几上的饰物只需变换色彩搭配,即可展现别样风情

毛毡保温罩与茶杯垫

Felting Tea Time Goods

制作方法 P80

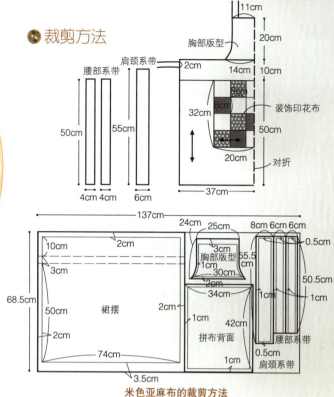

裁剪方法

P57
拼布风围裙

o **布料**
米色亚麻布137cm×68.5cm
（包含裙摆、肩颈系带和腰部系带）
五彩缤纷的装饰印花布20块（10cm×10cm）

o **其他材料**
紫色绣线适量
直径为18mm的木纽扣1个

o **成品尺寸**
74cm×80cm（主体尺寸）

o **基本裁剪方法**
❶ 前胸部分请参考实物版型准备布料。
❷ 参考图示尺寸要求，裁剪作品所需的其他布料。在布背面画出完成线，四周如图示预留缝份，再加以裁剪。

制作方法

1. 将20块尺寸为10cm×10cm的装饰印花布按横向5块、纵向4块的方式排列，再沿着完成线手缝拼接。完成后，与尺寸为42cm×34cm的米色亚麻布表面相对叠放，边缘对齐，手缝边缘并预留返口。剪去四角的缝份后，由返口翻面，再以暗针缝收口。

2. 用米色亚麻布裁剪出6cm和8cm宽的布条，用于制作肩颈系带和腰部系带。先将其中一端缝份折入，再纵向对折后手缝。在肩颈系带上缝制一个扣眼，方法参见P22。

3. 在制作裙摆的米色亚麻布上，中间3cm缝份如图折叠，再放上步骤1完成的拼接装饰亚麻布，对齐完成线后手缝固定。两侧和底边的缝份向内折，处理侧边缝份时，如图将步骤2完成的腰部系带一起折入，用紫色绣线以平针缝固定。

4. 将胸前部分的米色亚麻布两侧和上方缝份向内折，再用熨斗熨烫平整，然后用双股紫色绣线以平针缝连接布料，如图缝入肩颈系带。

5. 将裙摆部分的上端缝份折入，让胸前部分对准裙摆上缘中央，夹入缝份中，然后用紫色绣线以平针缝固定。

6. 在裙摆的正面缝上胸前部分，再次使用紫色绣线手缝，然后在胸前部分的上端缝上木纽扣即可。

How to make

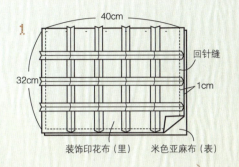
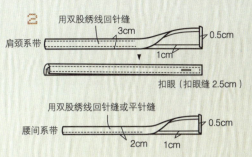
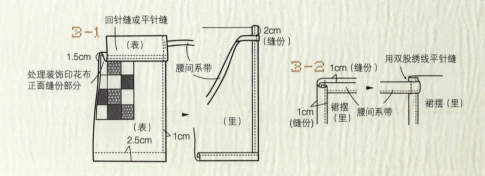
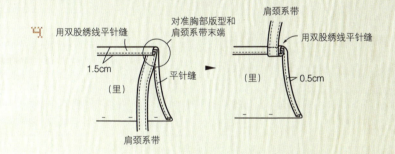
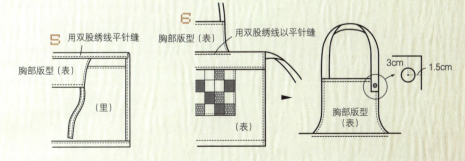

P59
绗缝室内鞋

◦ 布料

鞋面表布·脚跟用布：
印花铺棉布36cm×33cm
55g胶棉38cm×22cm

鞋底用布：
棕色铺棉布32cm×27cm
115g胶棉27cm×25cm

鞋面里布·脚底用布：
棕色亚麻布75cm×27cm

◦ 其他材料

亚麻带10cm
皮标签2个
绣线适量

◦ 成品尺寸

14cm×24.5cm（以成人尺寸为标准）

◦ 基本裁剪方法

1. 根据实物版型准备好所需布料的数量和尺寸。在布背面画出完成线，四周预留1cm缝份后加以裁剪。
2. 脚跟使用的灰色铺棉布，建议使用表布用印花铺棉布的背面。
3. 儿童室内鞋是成人版型的缩小尺寸，采用相同的步骤制作即可。布料的花色搭配可依个人喜好加以变化。

裁剪方法

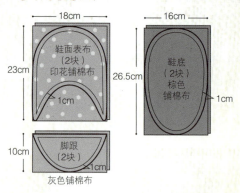

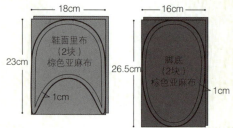

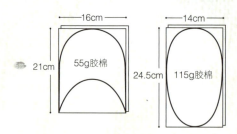

1. 以平针缝缝图中标示部分

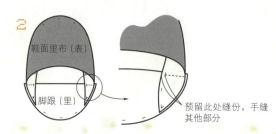

2.

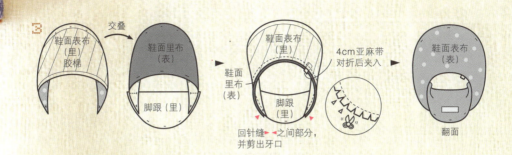

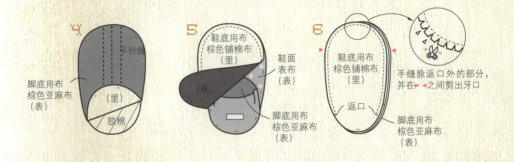

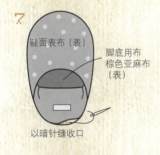

制作方法

1. 将脚跟用布（灰色铺棉布）上方的缝份折入，在图示位置用双股绣线以平针缝连接，再缝上皮标签做装饰。

2. 将鞋面里布（棕色亚麻布）的两侧与脚跟用布相连接，如图保留靠近鞋底的缝份不缝。

3. 在鞋面表布（印花铺棉布）的背面熨烫上55g胶棉，然后放在步骤2完成的鞋面里布上，二者表面相对，之间夹入对折的亚麻带，再手缝脚踝周围部分。鞋开口处的曲线缝份需全部剪出牙口，从预留的返口翻面后，便完成了如图示的表布部分。

4. 在脚底用布（棕色亚麻布）背面熨烫上115g胶棉，再沿着图中平行线位置，用绣线以平针缝加上装饰线。

5. 在脚底用布的表面放上步骤3完成的鞋面部分（表面朝上），再放上鞋底用布（棕色铺棉布，背面朝上）。

6. 预留返口，如图沿着边缘手缝，曲线部分的缝份要剪出牙口。

7. 通过返口翻面，整理好缝份后，以暗针缝收口即可。

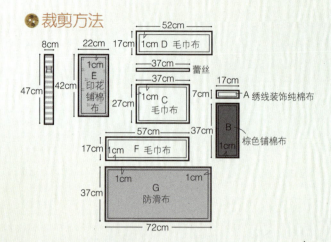

P58 厨房脚垫

◦ **布料**

A 绣线装饰纯棉布 17cm×7cm
B 棕色铺棉布 17cm×37cm
E 印花铺棉布 22cm×42cm
C、D、F 浅灰色毛巾布 94cm×34cm
H 条纹纯棉布 8cm×47cm
G 防滑布 72cm×37cm

◦ **其他材料**

蕾丝 37cm
装饰标签 1个

◦ **成品尺寸**

70cm×45cm

◦ **基本裁剪方法**

根据图示的尺寸和数量准备好所需布料，在布背面画出完成线，四周预留1cm缝份后即可加以裁剪。

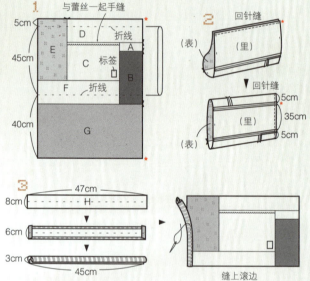

🔘 **制作方法**

1. 将布料A～G依序排列并手缝拼接，在布料C的上方缝上蕾丝，右下角缝上装饰标签。

2. 将表布表面相对对折，手缝连接图中标示★的位置。然后将手缝处如图向前旋转，整理平整，手缝其中一侧再翻面。

3. 整理好布料H（条纹纯棉布）四周的缝份后对折，以滚边技法缝在脚垫未缝合的一侧即可。

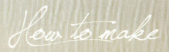

P65
杯垫

○ 布料

拼布风格：
米色亚麻布 21cm×12cm
印花亚麻布 9cm×9cm
圆点亚麻布 9cm×5cm

蕾丝装饰风格：
米色亚麻布 24cm×12cm
蕾丝花 1 朵
白色绣线适量
粉红色绣线适量

○ 成品尺寸
10cm×10cm

○ 基本裁剪方法
两种风格的杯垫请分别参考制作方法裁剪。

※ 拼布风格基础制作步骤

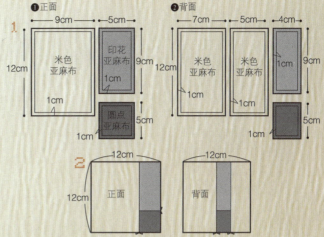

1. 按图示尺寸准备好布料，在布背面描画出完成线，四周预留1cm缝份后加以裁剪。

2. 将杯垫正面和背面的布料分别手缝拼接。

※ 蕾丝装饰风格基础制作步骤

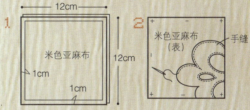

1. 在两块米色亚麻布的四周预留1cm缝份后加以裁剪。

2. 在其中一块米色亚麻布上放上蕾丝花，用白色绣线沿着蕾丝的内侧以平针缝固定，再用粉红色绣线装饰表面。

※ 组合

剪去四个角的缝份

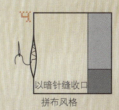
拼布风格

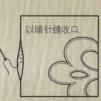
蕾丝装饰风格

3. 将正面和背面用布表面相对叠放，边缘对齐后手缝，其中一侧预留返口，再剪去四个角的缝份。

4. 通过返口翻面，然后以暗针缝收口，熨烫平整即可。

P61
格子桌布

○布料
桌布：
乳白色亚麻布164cm×140cm

餐垫：
A 天蓝色印花亚麻布8cm×25cm
B 棕色双层格子布36cm×25cm
　 棕色格子纯棉布8cm×12cm
C 黄色印花亚麻布6cm×25cm
　 紫色格子纯棉布30cm×5cm
D 天蓝色双层格子布36cm×25cm
E 橘色格子纯棉布8cm×6cm
F 粉红色格子纯棉布8cm×6cm

○其他材料
装饰标签、花纹带、亚麻带各少许
蕾丝花、蕾丝各适量
各色绣线（红色、朱红色、紫色、天蓝色、鹅黄色、粉红色、浅米色和棕色等）适量

○成品尺寸
160cm×140cm（以180cm×90cm的6人餐桌为标准）

○基本裁剪方法
参考图示的布料位置与尺寸要求，准备好所需布料。在布背面画出完成线，无须预留缝份即可裁剪。

●裁剪方法

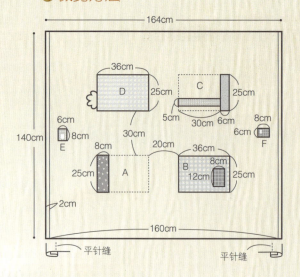

●制作方法

1. 将乳白色亚麻布边长为140cm的两边各折入1cm缝份，用红色绣线沿着边缘以平针缝固定。另外两边无须折入缝份，让边缘呈自然无修饰的感觉。

2. 参见图示，在乳白色亚麻布上标出餐垫A～D的位置，用布用水性笔在这四个位置上画出36cm×25cm的长方形图案，分别准备所需的布料。按照位置图放上布料后手缝固定即可。E和F两处，可缝上尺寸较小的格子纯棉布做装饰。

3. 餐垫边缘的绣线装饰线条，可采用两三条交绕的方式，以凸显其中的趣味性与自然感。

How to make

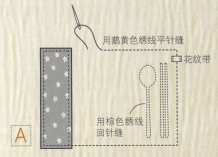

A 将天蓝色印花亚麻布放在餐垫位置左侧,右上方固定花纹带。然后用鹅黄色绣线以平针缝随意绣出边缘线条。餐垫靠右侧的空白部分,用棕色绣线以回针缝绣出勺子和筷子图案。

B 在棕色双层格子布的右下方,先用朱红色绣线以平针缝固定棕色格子纯棉布,再手缝装饰标签,然后用紫色绣线沿着边缘以平针缝绣出边线。

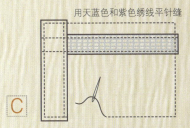

C 如图放置黄色印花亚麻布和紫色格子纯棉布,再用天蓝色和紫色绣线以平针缝绣出边缘线条。

D 在天蓝色双层格子布的右上方放置蕾丝花,然后沿着花朵的边缘用粉红色绣线以平针缝固定。在天蓝色双层格子布上,以法式结粒绣间隔均匀地绣出九个点做装饰。

E 在乳白色亚麻布上放上橘色格子纯棉布,再用粉红色绣线绣出边线。用天蓝色绣线以平针缝固定装饰用的亚麻带两端。

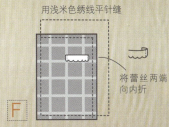

F 在乳白色亚麻布上放上粉红色格子纯棉布,用浅米色绣线以平针缝固定边缘。用紫色绣线以平针缝固定装饰用的蕾丝两端。

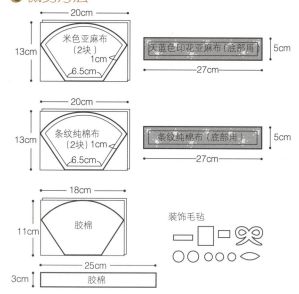

裁剪方法

制作方法

P64
咖啡滤纸袋

○ **布料**

表布：
米色亚麻布20cm×26cm
天蓝色印花亚麻布27cm×5cm
胶棉22cm×25cm
各种颜色的小块毛毡适量

里布：
条纹纯棉布25cm×27cm

○ **其他材料**

木纽扣1个
缎带12cm
松紧带10cm
各色绣线适量

○ **成品尺寸**

18cm×11cm

○ **基本裁剪方法**

根据实物版型的尺寸和数量准备好所需布料，在布背面画出完成线，四周预留1cm缝份后加以裁剪，胶棉和毛毡无须预留缝份。

1. 在表布米色亚麻布和天蓝色印花亚麻布的背面分别熨烫上胶棉。

2. 将图案画在各种颜色的小块毛毡上并裁剪，然后将装饰毛毡放在米色亚麻布的表面，以绣线固定。方法参见P21毛毡贴布绣技法。

3. 在天蓝色印花亚麻布中央连接两块米色亚麻布的底边，三块布的表面相对，如图对齐后手缝连接。

4. 折起天蓝色印花亚麻布的两端，边缘与米色亚麻布的两侧斜边对齐，沿着完成线手缝。缝制时，将天蓝色印花亚麻布折叠处的缝份剪出牙口，有助于成品平整。

5. 将条纹纯棉里布依表布的制作方法手缝，完成后呈袋状，需在其中一个斜边上预留5~7cm的返口。

6. 将表布袋翻面，装入步骤5完成的里布袋里，二者表面相对且边缘对齐。

7. 将缎带与松紧带对折，放在里布与表布之间，用于收拢开口。缝合边缘时，开口处弧形部分的缝份全部剪出牙口。

8. 通过里布上预留的返口翻面，再以暗针缝收口。在表面上端与松紧带对应的位置缝上一个木纽扣，用于收拢开口即可。

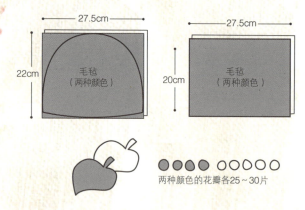

两种颜色的花瓣各25~30片

P68
毛毡保温罩与茶杯垫

◎布料
厚约2mm的白色毛毡55cm×45cm
厚约2mm的鹅黄色毛毡55cm×45cm

◎其他材料
亚麻带1cm×10cm
棕色与白色绣线各适量

◎成品尺寸
保温罩27cm×22cm
茶杯垫27cm×20cm

◎基本裁剪方法
❶ 制作保温罩和叶片部分的毛毡尺寸与数量,请依实物版型准备。制作保温罩和茶杯垫的双色毛毡中,各有一张无须预留缝份,按图案直接裁剪。制作花瓣的毛毡剪成圆形即可。
❷ 装饰用的毛毡可依个人喜好挑选颜色。

裁剪方法

制作方法

1. 在制作保温罩用的毛毡表面,用棕色绣线以平针缝绣出图案(参见实物版型),展现树枝的形态与感觉。为了避免毛毡背面的针脚显得杂乱,建议针线不要完全穿透毛毡。

2. 拿起一片用于制作花瓣的圆形毛毡,用手轻轻地折起边缘,手缝两三针略固定。保温罩每面均需25~30片花瓣。

3. 将与保温罩底色不同的花瓣放在适合的位置,每个花瓣缝两三针加以固定。为了让作品自然且图案丰富,花朵可由五瓣、四瓣或一瓣等多种形态完成。

4. 将两块制作保温罩的毛毡对齐,在上方的中央位置夹入对折的亚麻带,然后手缝连接圆弧状边缘。底边作为开口不缝。从毛毡外缘向内0.3cm处手缝。

5. 白色与鹅黄色茶杯垫上的装饰叶片依实物版型裁剪,再用棕色绣线以平针缝绣出叶片上的脉络。

6. 将叶片斜放在茶杯垫上,除了叶片上方外,其余部分沿着叶片的边缘以平针缝固定。即使针脚不一致,也会别有一番自然韵味。

How to make

1. 用棕色绣线以平针缝绣出枝干

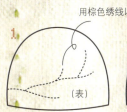

2. 每个花瓣的末端均缝两三针加以固定

3. 每个花瓣以两三针略固定

4. 以回针缝缝合 0.3cm

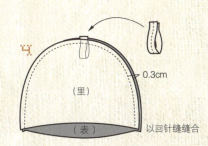

5. 用棕色绣线以平针缝绣出脉络

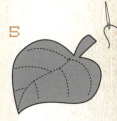 

6. 这部分不要缝

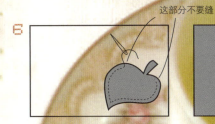 

81

独享愉快的午后外出时光

在凉爽宜人的秋日午后，提着亲手制作的时尚布包；

装入琳琅满目的实用手作小物，准备外出了。

零钱包、钱夹、卡片夹……每款作品的魅力都令人无法阻挡，

吸引着擦肩而过的行人目光。

与独具个人风格的时尚用品，

一同昂首阔步地度过愉快的午后时光吧！

1:00

Fashion items

15

100%利用零碎布料,打造带来视觉冲击的时尚包款

复古马赛克包

Mosaic Style Bag

制作方法 P104

制作方法 P106

装入卡片夹也没问题的大容量钱包
夹框式口金包

Frame Pocketbook

17

为一同外出的他精心准备的经典风格包款

男式格纹包

Cross Bag

制作方法 P108

附身携带的独特时尚小物
卡片夹

Card Case

制作方法 P110

淡雅柔和的格子图案为秋日带来温暖
自然风褶皱围巾

制作方法

布料
粉红色格子布180cm×42cm
米色格子布180cm×42cm

工具
锥子

成品尺寸
180cm×40cm

基本裁剪方法
参考图示尺寸准备好所需布料，四周预留1cm缝份后加以裁剪。

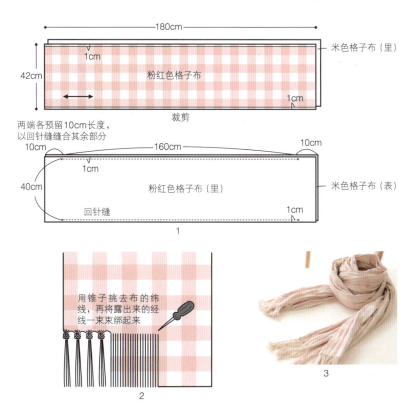

1. 将粉红色格子布和米色格子布表面相对叠放，两端各保留10cm长度不缝，手缝中间的160cm长度后翻面。
2. 在围巾两端未缝合的部分用锥子挑去布的纬线，然后将露出来的经线一束束绑起来，呈自然的流苏状。
3. 作品完成后洗涤，再卷成一团阴干，即可呈现自然的褶皱感。

最具自然风情的亚麻布发饰
亚麻花朵发绳

○ **布料**
灰色亚麻布 30cm×6cm
小圆点亚麻布 30cm×6cm

○ **其他材料**
串珠适量
发绳1个

○ **工具**
热熔胶

○ **成品尺寸**
5cm×5cm（花朵尺寸）

○ **基本裁剪方法**

❶ 根据实物版型的尺寸和数量要求，准备好两款亚麻布。版型图案为最大尺寸的花朵，其他花朵尺寸依次缩小0.5cm裁剪，无须预留缝份。

❷ 作品中共使用了三种尺寸的花朵（大与中型尺寸各2朵，小型的1朵）。

1

2

3

4

5-1

5-2

1. 根据实物版型，将灰色亚麻布和小圆点亚麻布按大中小三种尺寸裁成10朵花。

2. 用薄刮片刮压每片花瓣，直至亚麻布花朵边缘微微卷起。

3. 按尺寸大小，分别将灰色亚麻布和小圆点亚麻布交错叠放。

4. 将花朵手缝固定，中心粘上串珠做花蕊。

5. 用热熔胶将花朵粘在发绳上即可。

也可在亚麻布花朵的背面粘上胸针，制成胸花。制作时，可利用较大的花朵突出分量感，也可以在下方悬挂亚麻带或蕾丝，以增添华丽感。

21

给初次见面的朋友留下深刻印象的私人小物

名片夹

制作方法 P112

Passport Cover

制作方法 P114

妥善保管世界上独一无二证件的贴心设计

护照夹

23

散发成熟魅力与淡雅风格的时尚包款
大容量口金包

制作方法 P116

28
可胜任多种用途的包款
弹簧式收口化妆包

2-Type Pouch

制作方法 P120

29
立体感十足的大容量随身包
拉链手袋

制作方法 P118

缝纫随笔

爱上手作之后,最常制作的非零钱包莫属了。只要搭配好开口处的夹框和口金等材料,就能变化出各式各样的时尚手袋。把它当做礼物送给朋友,是令所有女性爱不释手的随身小物。现在,就从小尺寸的零钱包开始挑战缝纫技巧吧!

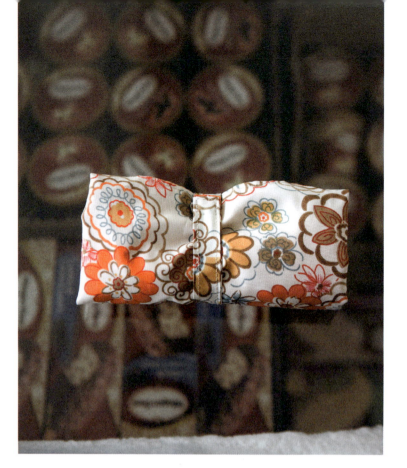

26

可折叠收纳，展开即变身为时尚环保袋

折叠式购物袋

Flower Eco Bag

制作方法 P122

对于追求环保的手作者来说,环保购物袋是不可或缺的生活必需品。

Linen one-piece

27

盛载了妈妈浓浓爱意的童装
展开翅膀的连衣裙

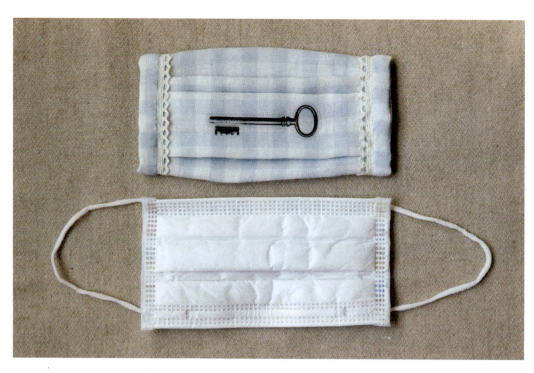

28 口罩套

365天都安心，预防疾病的外用口罩套

制作方法 P126

Mask Cover

P84
复古马赛克包

○**布料**
表布：
8cm×10cm各式布块40～50块

里布：
条纹纯棉布32cm×82cm

○**其他材料**
皮革提手2cm×45cm2条

○**成品尺寸**
30cm×40cm（提手高度16cm）

○**基本裁剪方法**
　　准备好皮革、毛毡、纯棉布和亚麻布等多种材质的布块。作为表布使用的布块种类、数量和花色越丰富，成品的效果越好。在里布背面依尺寸画出完成线，四周预留1cm缝份后加以裁剪。

● **裁剪方法**

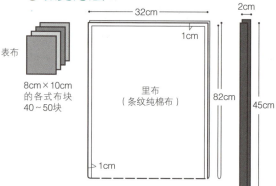

表布
8cm×10cm
的各式布块
40～50块

里布
（条纹纯棉布）
32cm　82cm
1cm

皮革提手
2cm　45cm

● **制作方法**

1. 将作为表布使用的各式布块依个人喜好排列组合，排列时按相同的方向叠放，一块布压着另一块布的边缘，再以平针缝拼接。共完成两块表布，作为包的前后两面，尺寸为32cm×41cm。

2. 将两块表布表面相对，保留上端开口处，四周预留1cm缝份后，缝合两侧和底边部分。与对角线平行，剪去表布袋下方两端的边角缝份，完成后翻面，尺寸为30cm×40cm。

3. 将里布表面相对对折，沿着完成线手缝两侧边缘，上端开口处的缝份向袋内折。

4. 将里布袋装入表布袋中，开口处的缝份均向袋内折入，再以平针缝缝好开口。

5. 将皮革提手放在距袋口1.5～2cm处，同面的提手两端之间相距12～14cm，手缝固定即可。

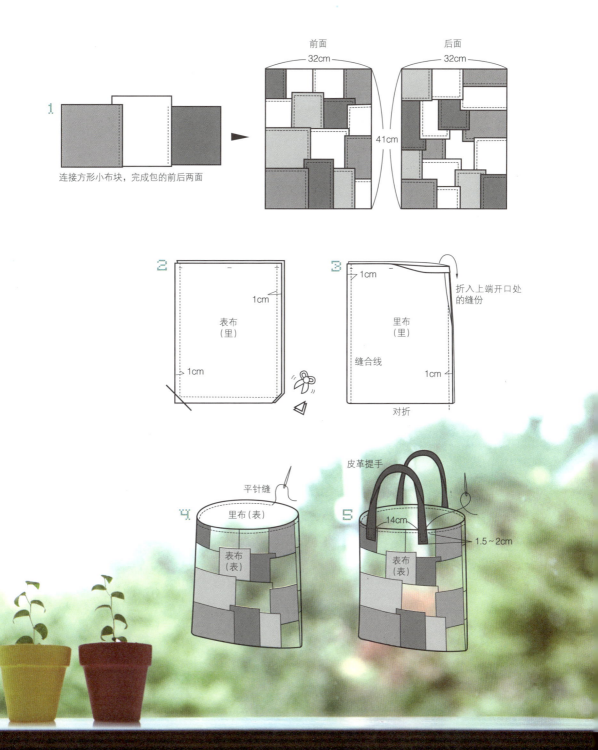

P85 夹框式口金包

○布料
表布：
A米色亚麻布8cm×26cm
B圆点亚麻布5cm×26cm
C印花亚麻布6.5cm×26cm
D小碎花亚麻布4.5cm×26cm
E条纹亚麻布5.2cm×26cm
胶棉19.2cm×24cm

两侧用布：
米色亚麻布（依实物版型准备表布与里布用各2张）
胶棉16cm×10cm（依实物版型准备2块）

里布：
米色亚麻布80cm×26cm
格子亚麻布9cm×21.2cm
胶衬19.2cm×19cm

○其他材料
转绣布10cm×5cm
朱红色与鹅黄色绣线各适量
长度为19cm的口金1个
小螺丝刀和锥子各1把

○成品尺寸
19cm×12cm

○基本裁剪方法
❶ 根据图示和两侧用布的实物版型，准备好所需布料的尺寸与数量。在布背面画出完成线，四周预留1cm缝份后加以裁剪。
❷ 米色亚麻布共需90cm×26cm，请依图示尺寸裁剪。

☻ 裁剪方法

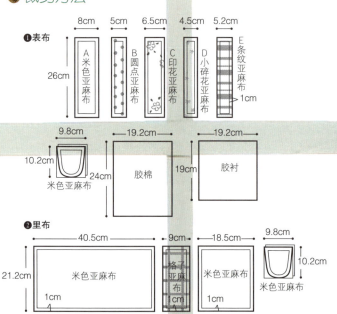

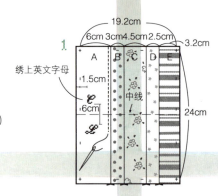

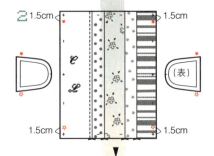

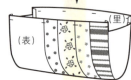

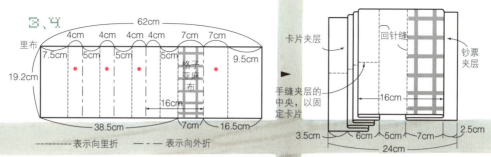

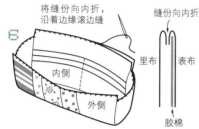

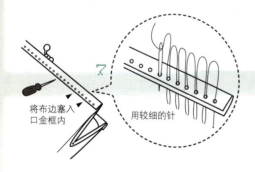

● 制作方法

1. 如图排列布料A~E，依序手缝连接。在A米色亚麻布上，用鹅黄色绣线以平针缝沿完成线绣出装饰线条；下方放上转绣布，用朱红色绣线绣出英文字母。所有表布布料拼接好后，依完成尺寸在背面熨烫上胶棉。

2. 按实物版型裁剪侧边使用的米色亚麻布，在布背面熨烫上胶棉。将表布正面朝上，与侧边用布边缘对齐，沿着完成线手缝后翻面，口袋的形状就大体完成了。

3. 如图拼接作为里布使用的米色亚麻布和格子亚麻布，在图中标示●的背面，依完成尺寸熨烫裁剪好的胶衬。

4. 将里布如图中折线所示，折成手风琴状。熨烫平整后，在中央手缝分隔线，以划分区域，固定卡片。

5. 将里布两侧用的米色亚麻布与步骤4完成的里布表面相对，边缘对齐，沿着完成线手缝连接。

6. 将里布袋装入表布袋中，缝份如图向内折，再手缝固定。

7. 在布包的开口处，先用小螺丝刀将布边塞入口金框中，再用锥子沿着口金的孔洞打洞，然后用朱红色绣线缝合即可。

★参见P24转绣技法绣出下方的英文字母图案

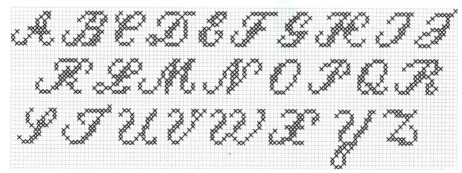

P86
男式格纹包

○布料
表布：
格子亚麻布31cm×50cm
棕色亚麻布31cm×27cm
胶棉71cm×29cm
皮革23cm×20cm

里布：
条纹纯棉布55cm×73cm

○其他材料
棕色绣线适量
皮革背带（2cm×150cm）
皮革或退色棉标签1个
纽扣1个
铆钉6组及工具

○成品尺寸
29cm×33cm（底部宽5cm）

○基本裁剪方法
根据图示的尺寸和数量准备好所需材料，四周预留1cm缝份后加以裁剪；皮革和胶棉无须预留缝份。

🔘 裁剪方法

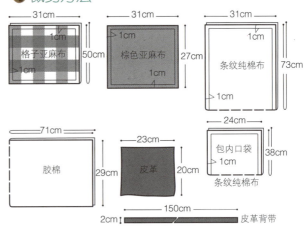

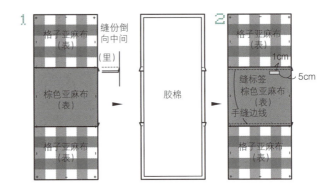

🔘 制作方法

1. 棕色亚麻布的上下两边均拼接上格子亚麻布，缝份倒向中央，完成后在表布背面熨烫胶棉。

2. 在棕色亚麻布两条完成线向内1cm处，以棕色绣线手缝装饰线，再参考图示位置固定皮革或退色棉标签点缀。

3. 将表布表面相对对折，再缝合两侧边缘。

4. 整理底部两端的边角，让缝份位于中央，如图折成三角形，然后在三角形的顶端向内2.5cm处手缝5cm长的垂直线。另一端的边角处理方式与此相同，5cm宽的包底就完成了。

5. 将制作包内口袋的条纹纯棉布表面相对对折，预留返口手缝三边。通过返口翻面，然后以暗针缝收口。

How to make

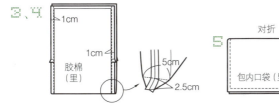
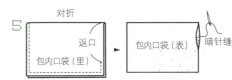

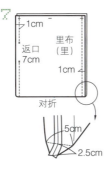
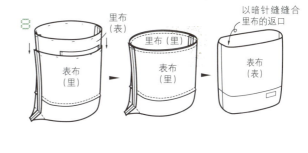

6. 在距条纹纯棉里布上方8cm的位置，放上步骤5完成的包内口袋，除了上方开口之外，手缝其他三边，包内口袋就完成了。

7. 将里布表面相对对折，缝合两侧，在其中一侧的中央预留7cm返口。底部两端边角采用与表布相同的方法，折成三角形，完成5cm宽的包底。

8. 将里布袋的表面朝外，与表布袋的表面相对，装入表袋中。两袋上端开口完成线对齐，以珠针固定后手缝，然后通过里布袋预留的返口翻面，并以暗针缝收口。

9. 在背包的背面（即没有装饰标签的一面）缝上皮革，用皮革专用线或较粗的棕色手缝线固定。可先在皮革上用锥子钻孔，手缝时会容易一些。

10. 将皮革覆盖在背包上，在皮革下端的中央位置制作一个扣眼，然后在皮革和格子布的交叠位置缝上纽扣。将皮质背带的两端对准背包的两侧中线，然后用铆钉工具固定背带。如果没有铆钉工具，也可以先在皮革上打好洞，再用较粗的缝线将背带牢牢固定在背包上即可。

铆钉工具的使用方法

在固定背带的位置用锥子按一定间距打洞，将铆钉心（呈"⊥"状）从背包的内侧向外插，然后放上皮革背带。反方向加上铆钉后，用槌子敲打固定即可。

P87
卡片夹

○ **布料**

表布：
米色亚麻布36cm×12.5cm
青色亚麻布12cm×12.5cm
格子亚麻布7.5cm×12.5cm
胶棉21.5cm×10.5cm

里布：
条纹纯棉布23.5cm×12.5cm

○ **其他材料**
英文标签1个
子母扣2组
棕色绣线适量

○ **成品尺寸**
8cm×10.5cm

○ **基本裁剪方法**
　　参考图示的尺寸和数量准备好所需布料，在布背面画出完成线，四周预留1cm缝份后加以裁剪；胶棉无须预留缝份。

🔘 裁剪方法

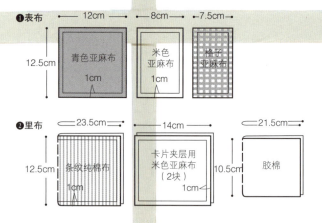

🔘 制作方法

1. 依序连接青色亚麻布、米色亚麻布和格子亚麻布，然后在布背面熨烫好胶棉。在米色亚麻布的表面，用棕色绣线以平针缝加一道装饰线，在格子亚麻布上缝上英文标签做点缀。

2. 将制作卡片夹层的两块米色亚麻布分别对折，只有卡片夹层A的缝份向内折入，然后放在作为里布的条纹纯棉布上（如图对准☆★位置），分别手缝固定卡片夹层A与卡片夹层B。

3. 将表布的表面朝下，覆盖在里布的表面上，边缘对齐。在青色亚麻布上预留返口，手缝边缘，再剪去四个角的缝份。

4. 通过返口翻面，并以暗针缝收口，然后在图示的位置缝上子母扣即可。

How to make

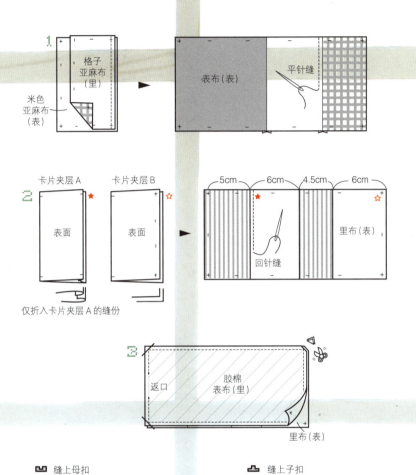

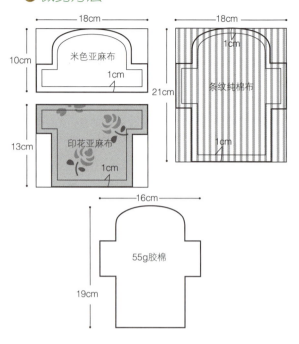

裁剪方法

P92
名片夹

○布料
表布：
印花亚麻布18cm×13cm
米色亚麻布18cm×10cm
55g胶棉16cm×19cm

里布：
条纹纯棉布18cm×21cm

○其他材料
直径为15mm木纽扣1个
绣线适量

○成品尺寸
11cm×6cm

○基本裁剪方法
根据实物版型准备好所需布料，在布背面画出完成线，四周预留1cm缝份后裁剪；胶棉无须预留缝份。

制作方法

1. 将印花亚麻布和米色亚麻布表面相对，如图对齐后手缝上方边缘，然后将缝份向两边摊开，在表布背面熨烫好55g胶棉。

2. 将表布与里布条纹纯棉布表面相对，边缘对齐后沿着完成线手缝连接，下方预留7cm的返口。

3. 剪去向外突出的六个角的缝份，然后将向内凹进的四个角及圆弧部分的缝份剪出牙口。

4. 通过返口翻面，再以暗针缝收口。

5. 如图折叠，让标示★与☆的位置分别对齐，再用双股绣线以锁边缝缝合边缘。

6. 在名片夹的上盖中央剪一个扣眼，以扣眼缝锁边。然后在名片夹的对应位置缝上木纽扣即可。制作扣眼和手缝扣眼的方法参见P22。

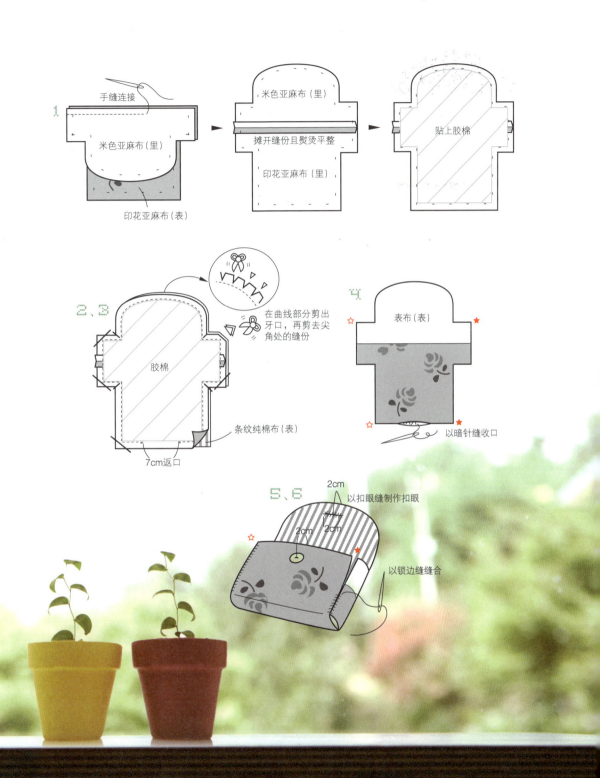

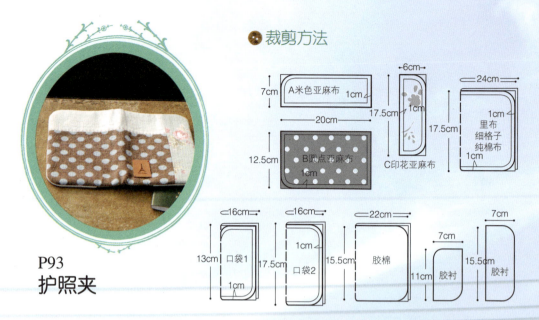

P93 护照夹

○布料：

表布：
A米色亚麻布20cm×7cm
B圆点亚麻布20cm×12.5cm
C印花亚麻布6cm×17.5cm

口袋用布：
米色亚麻布16cm×13cm
米色亚麻布16cm×17.5cm
胶衬14cm×16cm

里布：
细格子纯棉布24cm×17.5cm
胶棉22cm×16cm

○其他材料

埃菲尔铁塔装饰皮标签1个
浅粉红色与朱红色绣线各适量
转绣布5cm×5cm

○成品尺寸

11cm×15.5cm

○基本裁剪方法

❶ 参考图示的尺寸与数量要求，准备好各部分所需布料，在布背面画出完成线，四周预留1cm缝份后裁剪。

❷ 米色亚麻布共需32cm×24.5cm，请依各部分所需尺寸裁剪。

❸ 胶衬与口袋用布无须预留缝份，对称部分画出一半完成线即可裁剪。

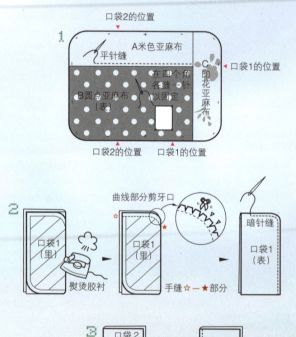

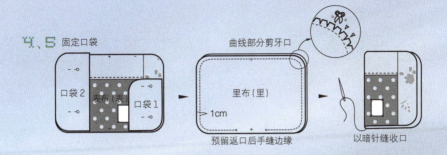

4、5 固定口袋

★运用西方油画技法设计的英文字母图案

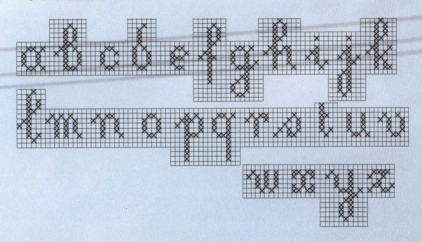

🔘 制作方法

1. 将表布A~C如图组合后，依序手缝拼接。在A米色亚麻布上，沿着完成线用浅粉红色绣线以平针缝绣一道装饰线。把埃菲尔铁塔装饰皮标签放在B圆点亚麻布上，分别在四个角各缝一针以固定。按照完成尺寸，在表布的背面熨烫好胶棉。

2. 制作口袋1：将尺寸为16cm×13cm的米色亚麻布表面相对对折，其中一面熨烫胶衬后手缝☆至★标示部分。曲线部分的缝份剪牙口后翻面，再以暗针缝连接边缘。

3. 制作口袋2：将尺寸为16cm×17.5cm的米色亚麻布表面相对对折，在其中一面熨烫上胶衬后翻面，以暗针缝缝合长边。放上转绣布，用朱红色绣线绣出英文字母图案做点缀。

4. 将口袋1与口袋2分别放在表布的两侧，口袋2的英文字母图案与表布的表面相对，先以珠针固定，再将作为里布使用的细格子纯棉布覆盖于其上，里布的表面与表布的表面相对。在下方预留返口后，沿着完成线手缝，曲线部分的缝份应剪出牙口。

5. 通过返口翻面，再以暗针缝收口即可。

P94
大容量口金包

布料：
表布：
棕色亚麻布58cm×18cm
米色亚麻布68cm×9cm
印花纯棉布20cm×18cm
蕾丝布14cm×9cm
胶衬12cm×9cm
115g胶棉52cm×22cm

里布：
小碎花纯棉布54cm×26cm

其他材料
附带皮革提手的口金1个
绣线适量

成品尺寸
24cm×16cm（侧边宽度6cm）

基本裁剪方法
❶ 参考图示的尺寸和数量准备好所需布料，在布背面画出完成线，四周预留1cm缝份后加以裁剪。
❷ 将实物版型画在表布、里布和侧面用布上，四周预留1cm缝份后加以裁剪；胶棉和胶衬无须预留缝份，沿完成线裁剪即可。

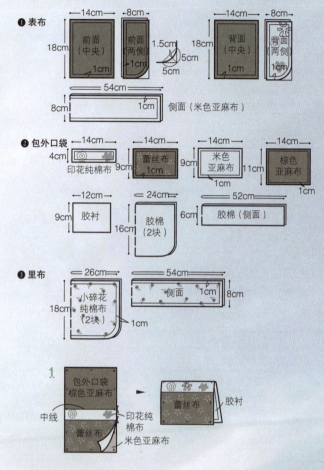

制作方法
1. 如图依序连接棕色亚麻布、印花纯棉布和蕾丝布。完成后在棕色亚麻布的背面按完成线的尺寸熨烫胶衬；蕾丝布背面衬上尺寸相同的米色亚麻布。然后沿中线对折，作为包外口袋用布使用。
2. 在前面用表布的下方放上步骤1完成的包外口袋用布，缝份向内折入，再沿着完成线手缝两侧边缘。在背面用表布的两侧手缝连接印花纯棉布。在两块表布背面依完成尺寸熨烫好胶棉，如图在完成线的两侧绣出平行的绣线做装饰。
3. 在提包侧边用米色亚麻布，背面熨烫好胶棉，中间绣出两条平行的绣线。

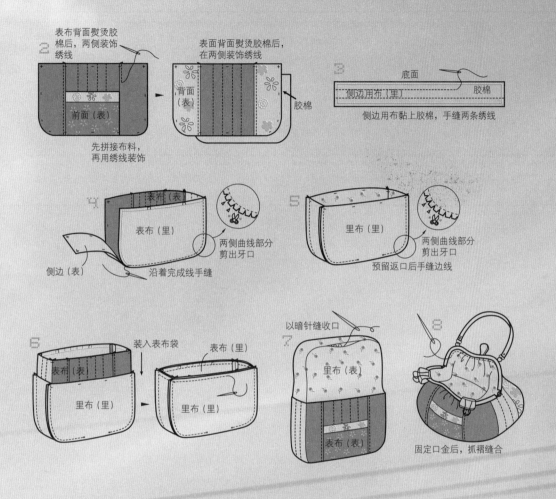

4 将前面、背面与侧面用表布依完成线对齐，分别手缝固定，曲线部分的缝份先剪出牙口再翻面。

5 里布袋的制作方法与表布袋相同，可按步骤4的方法制作。注意，需要在里布袋的底部预留返口。

6 将表布袋装入里布袋中，二者表面相对，边缘对齐后，沿着完成线手缝连接袋口部分。

7 通过里布袋上预留的返口翻面，再以暗针缝收口。将里布袋装入表布袋中，整理平整后，用熨斗熨烫袋口部分。

8 将布边塞入口金框中，让袋口呈现自然且均匀的褶皱。塞入布边的口金先用夹子固定，再用绣线手缝时会更方便。方法参见P107。

🟤 裁剪方法

❶ 表布

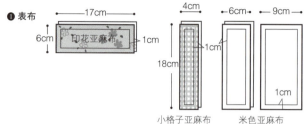

❷ 里布

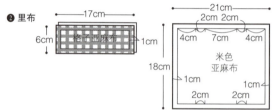

P96
拉链手袋

◦ **布料：**
表布：
印花亚麻布17cm×12cm
小格子亚麻布8cm×18cm
米色亚麻布21cm×18cm

里布：
米色亚麻布21cm×18cm
格子亚麻布17cm×12cm

◦ **其他材料**
4cm英文布标1个
15cm长的拉链1条

◦ **成品尺寸**
15cm×12cm

◦ **基本裁剪方法**

❶ 参考图示尺寸，准备好所需布料，在布背面画出完成线，四周预留1cm缝份后加以裁剪。

❷ 米色亚麻布共需42cm×18cm，请分别依表布和里布所需的尺寸裁剪。

🟤 制作方法

1. 如图手缝拼接米色亚麻布和小格子亚麻布，以小格子亚麻布的中线为准，将两侧的拼接完成线向内折。在小格子亚麻布的上下两端缝份处缝两针，暂时固定并制作出皱褶。

2. 将步骤1完成的表布上下两端分别与印花亚麻布对齐，沿完成线手缝拼接。

3. 将印花亚麻布的底端缝份向内折，与一侧拉链的中央对齐，先以珠针固定，再手缝连接。采用同样的方法，将表布的另一端与拉链的另一侧连接。

4. 以拉链为中心，对折表布（表面相对），沿着完成线手缝两侧边缘。此时，将英文布标对折，夹入一侧边缘，与边线一同手缝固定。

5. 将表布袋两端的底角缝份向两侧摊开，再折成三角形。在三角形顶端向内1cm处，手缝一道2cm长的垂直线。

6. 依表布袋的制作方法完成里布袋，翻面后，开口处的缝份向内折。

7. 将表布袋装入里布袋中，二者内侧相对且边线对齐，上方边缘的缝份向内折。

8. 连接里布袋的边缘与拉链时，注意藏好缝线，再以暗针缝收口。拉链的末端如图折入（此为作品制作重点），然后整体翻面即可。

How to make

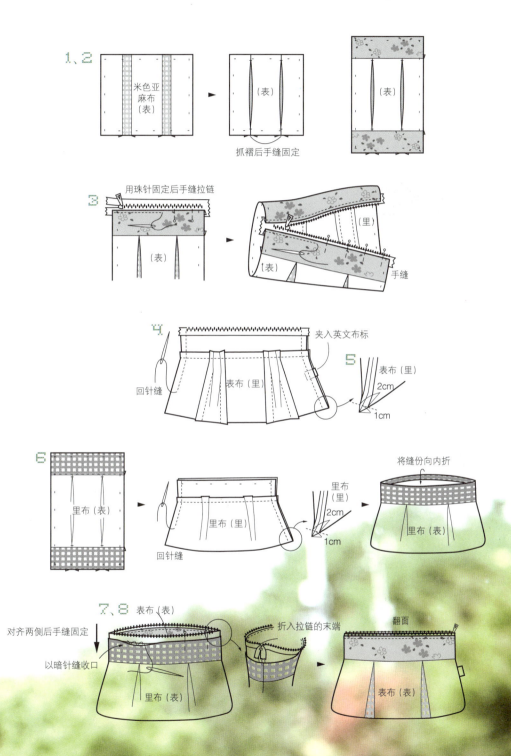

裁剪方法

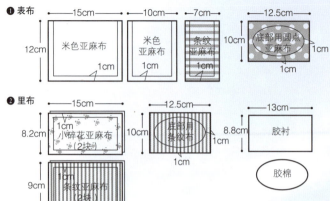

P96
弹簧式收口化妆包

布料

表布：
米色亚麻布25cm×12cm
条纹亚麻布7cm×12cm
圆点亚麻布12.5cm×8cm
胶衬13cm×17.6cm
胶棉11cm×6cm

里布：
小碎花亚麻布15cm×16.4cm
条纹亚麻布15cm×26cm

其他材料

8cm长弹簧1组
英文标签1个
花形纽扣1个
紫色绣线适量

成品尺寸

13cm×11cm（底部宽6cm）

基本裁剪方法

　　根据实物版型准备好所需布料，在布背面画出完成线，四周预留1cm缝份后加以裁剪。表布的上端均无须预留缝份。

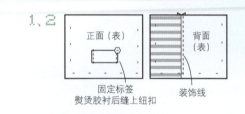

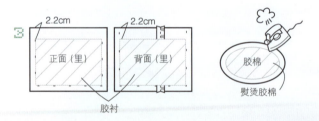

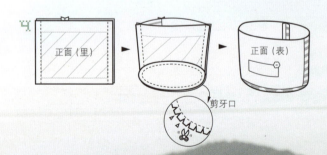

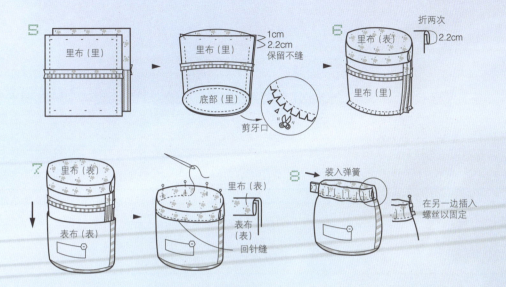

🌼 制作方法

1. 正面用布：在尺寸为15cm×12cm的米色亚麻布上用英文标签装饰，标签的两侧稍微向内折入后手缝固定，然后在标签的右上方用紫色绣线缝上花形纽扣。

2. 背面用布：将尺寸为10cm×12cm的米色亚麻布和条纹亚麻布手缝拼接，摊开缝份，用熨斗熨烫平整后，在米色亚麻布上用双股紫色绣线以平针缝加一道装饰线。

3. 分别在步骤1与步骤2完成的表布背面熨烫上胶衬，如图粘贴在距上缘2.2cm之下，这是制作的重点。在底部用的圆点亚麻布背面，依完成线熨烫裁剪好的胶棉。

4. 将两块表布的表面相对，边缘对齐，缝合两侧边线后烫开缝份。沿着完成线连接底部用圆点亚麻布，缝份要剪出牙口（距缝线2~3mm处剪牙口）。表布袋完成后翻面。

5. 将小碎花亚麻布和条纹亚麻布手缝拼接，同样制作出正背两面。将完成的两块里布表面相对，边缘对齐，然后在两侧边线缝份（1cm）向下2.2cm处，开始手缝连接，完成后烫开缝份。底部用的条纹亚麻布按步骤4的方法手缝连接，并剪出牙口。

6. 先折入里袋上端的1cm缝份，再折入预留的2.2cm部分。

7. 将完成的里布袋与表布袋的边线对齐，然后将里布袋装入表布袋中，使用双股紫色绣线以回针缝固定开口周围（连接表布上端和外翻的里布）。

8. 将弹簧穿入两侧预留的开口，从另一端穿出的弹簧插入螺丝固定即可。此步骤很容易弄伤手，所以请特别小心。

P98
折叠式购物袋

○布料：
表布：
印花防水布90cm×63cm

里布：
橘色防水布84cm×63cm

○其他材料：
子母扣1组

○成品尺寸
40cm×40cm（底部宽12cm）

○基本裁剪方法
按图示尺寸准备好里布和表布，分别为表布与里布各两块，系带一块。在布背面画出完成线，四周预留1cm缝份后加以裁剪。与提手下方连接的袋口部分，请依图示裁成圆弧状。

❀ 裁剪方法

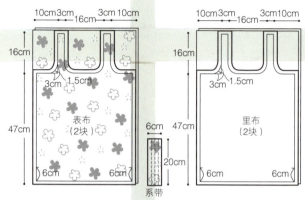

❀ 制作方法

1. 将表布表面相对且边缘对齐，沿着完成线手缝两侧和底边，表布袋就完成了。采用相同的方法完成里布袋。

2. 将里布袋装入表布袋中，放入时注意对齐边线和上方袋口部分的完成线，然后手缝连接里布和表布。提手顶端与一侧边缘预留的7cm返口无需手缝。提手的曲线缝份应剪出牙口。

3. 通过返口翻面，以暗针缝收口。提手两端相接部分，如图将一端塞入另一端，相互交叠后手缝固定（预先折入缝份）。

4. 展开袋子底部的两端边角，折出底边为12cm的三角形，缝合底边后向上折起，将三角形顶点固定在侧边完成线上。

5. 将系带用布上下两边向内折入1.5cm，两端再分别折入1cm，纵向对折后沿边缘手缝，完成尺寸为1.5cm×18cm。

6. 在购物袋的正面上方中央处缝上系带，然后依图示的位置缝上子母扣即可。

How to make

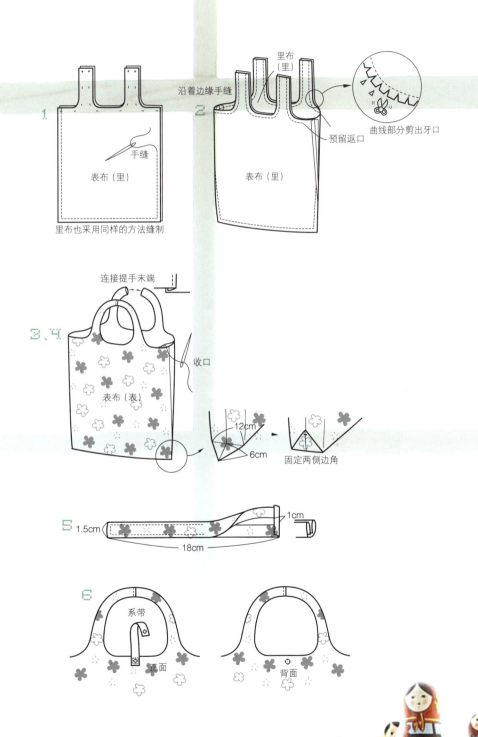

裁剪方法

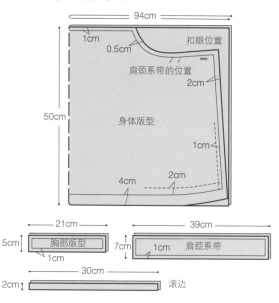

P101
展开翅膀的连衣裙

○布料
米色亚麻布120cm×75cm

○其他材料
米色蕾丝5cm×50cm
直径为15mm的木纽扣1个
缝线19cm

○成品尺寸
90cm×59cm
（以五六岁的儿童为标准）

○基本裁剪方法

① 连衣裙身体部分的布料根据实物版型准备，在布背面画出完成线，四周预留1cm缝份后加以裁剪。

② 胸部版型、肩颈系带和滚边依图示尺寸各准备两块，滚边无须预留缝份，其他四周预留1cm的缝份后加以裁剪。

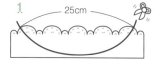
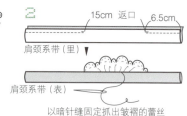

制作方法

1. 将尺寸为5cm×25cm的米色蕾丝如图裁剪成圆弧状。

2. 将制作肩颈系带的米色亚麻布纵向对折，如图距一端6.5cm处保留15cm的返口，然后沿着完成线手缝，通过返口翻面，再缝入裁剪成圆弧状的米色蕾丝。要尽量缝出漂亮的皱褶，以暗针缝固定。采用同样的方法共制作两条肩颈系带。

3. 以长度约19cm的缝线，用稀疏的方式手缝身体版型上方中央处的缝份，缝好后略拉紧，整理出均匀的皱褶。

4. 将胸部版型放在身体版型的上方，表面相对，并且与身体版型上方的缝份线对齐，然后沿着完成线手缝。手缝时，尽量抓出漂亮的皱褶。

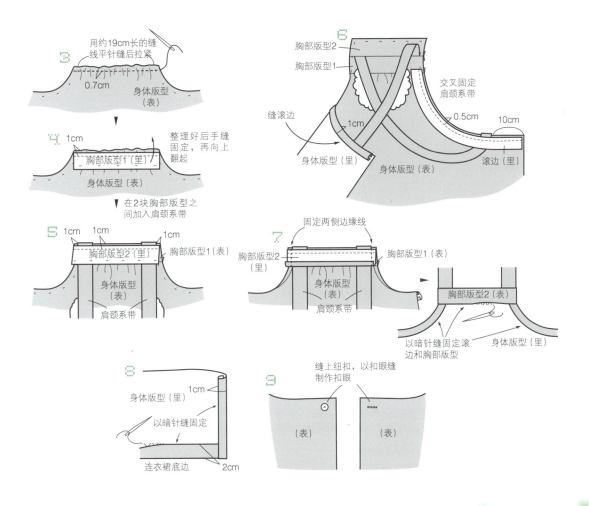

5 在胸部版型的两端放上肩颈系带，再放上另一块胸部版型，表面朝内（与第一块胸部版型表面相对），对齐上边线手缝。

6 两条滚边分别放在身体两侧的圆弧边缘处，在下端向内10cm处交叉固定肩颈系带的另一端，如图沿完成线手缝固定后，折入滚边，包裹身体版型边缘，先用珠针固定，再手缝连接。

7 在胸部版型表面相互交叠的状态下，将缝份向内折入，手缝两侧边缘后翻面，以暗针缝固定内侧的胸部版型和滚边部分。

8 连衣裙的身体版型两侧缝份向内折两次，再以暗针缝或平针缝固定。底边向内折入2cm缝份，同样以暗针缝固定边缘。

9 在连衣裙背后相接处，一侧缝上纽扣，另一侧的对应位置以扣眼缝制作扣眼即可。

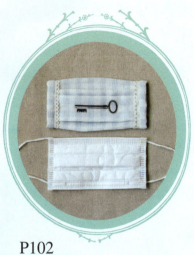

P102
口罩套

● 布料：
印花亚麻布33cm×21cm

● 其他材料
蕾丝16cm
纽扣1个

● 成品尺寸
16cm×8cm
(以实际使用的一次性口罩为准)

● 基本裁剪方法
　　参考图示尺寸准备好印花亚麻布，尺寸为16cm×21cm的亚麻布已包含缝份。

● 裁剪方法

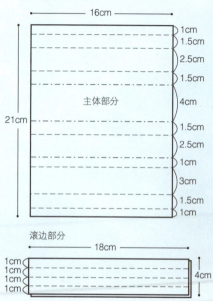

主体部分
21cm / 16cm
1cm, 1.5cm, 2.5cm, 1.5cm, 4cm, 1.5cm, 2.5cm, 1cm, 3cm, 1.5cm, 1cm

滚边部分
18cm × 4cm
1cm / 1cm / 1cm / 1cm

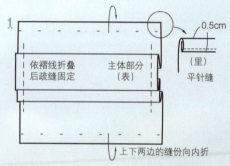

1. 依褶线折叠后疏缝固定　　主体部分（表）
0.5cm （里）
平针缝
上下两边的缝份向内折

How to make

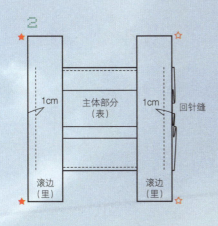

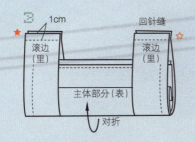

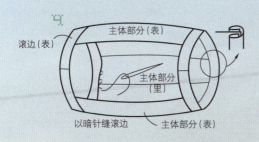

制作方法

1. 依图中折线所示折叠主体部分的印花亚麻布，完成后用熨斗熨烫平整，在左右两端缝份之内先内疏缝固定。将主体部分上下两边的缝份向内折入0.5cm，共折两次，再以平针缝固定。

2. 将滚边部分放在主体部分的左右两侧，边缘对齐，表面相对，如图示放置。先用珠针固定，再手缝固定。

3. 将滚边部分表面相对对折，在滚边部分顶端向内1cm处手缝固定。

4. 将滚边部分向表布内侧翻折，与内侧折线对齐后，以暗针缝固定，再拆去疏缝线。沿着滚边手缝蕾丝和纽扣做装饰。在口罩套内装入一次性口罩，从两端开口处拉出挂在耳朵上的系带即可。

如何制作儿童口罩套

儿童口罩套与示范作品的尺寸不同。口罩套主体部分的宽度与一次性口罩的长度相同；主体部分的长度为口罩套完全展开皱褶的尺寸＋口罩套外层翻折向内侧的长度(5cm)，依此计算即可。

Interior goods

装饰居家的布艺创作

各式手作小物色彩天然且讨人喜欢，

图案简约并不华丽，

却能鲜明地展现主人的个性风格。

为丰富室内空间与家居氛围搭配布艺作品吧！

29 纸巾盒

以布料拼接出特殊的质感，悬挂在墙上犹如画作一般

Tissue Case

制作方法 P144

30

报纸、杂志、遥控器和手机不再杂乱无章，
可固定在桌边的厚毛毡口袋

多功能收纳袋

All-purpose Pocket

制作方法 P146

Fabric Lamp Shade

用五颜六色的细布条完成色彩缤纷的简单装饰

布艺灯罩

制作方法 P147

家中的空间格局适合哪种布艺装饰？若能点缀亲手创作的作品，居家设计也会散发出个人专属的独特风采。

形状大小不一，令人爱不释手的缝纫小工具
迷你小房子针插

制作方法 P148

Plant Pot Cover

运用基础针法就能完成，
色彩搭配才是重点

毛毡盆栽套

o **布料**
各种颜色的毛毡：
绿色、棕色、白色等

o **其他材料**
绣线适量

o **基本裁剪方法**
　　连接两块毛毡时，要注意完成后能否容纳下花盆，正反面两块毛毡均无须预留缝份。成品的高度比花盆高出0.5～1cm即可。

1. 将绿色毛毡与棕色毛毡根据花盆尺寸裁剪。
2. 在白色小毛毡布块上，以回针缝绣出盆栽的名称。
3. 在绿色毛毡的右下方用绣线缝出两个较宽的针脚，制作两段能卡住白色毛毡的线段。
4. 将绿色毛毡与棕色毛毡背对背叠放，边缘对齐，两边采用锁边缝连接，方法参见P22。
5. 作品完成了。利用前后颜色不同的撞色效果，当观赏角度改变时，即可带来不同的视觉感受。

招待客人时，可用竹篮盛装
摆在餐桌上

手巾大改造

制作方法

○ **布料**
毛巾3条
各种颜色与材质的布料
（亚麻、纯棉、蕾丝等）
适量

○ **其他材料**
蕾丝、亚麻带、标签、
纽扣各适量

○ **基本裁剪方法**
❶ 在布背面画出完成线，四周预留1cm缝份后加以裁剪。
❷ 装饰布条的整体长度（连接部分与底端缝份除外）应尽量配合毛巾的宽度裁剪，宽度可根据毛巾的尺寸调整。下面示范的两款变化版，宽度应不少于3cm。

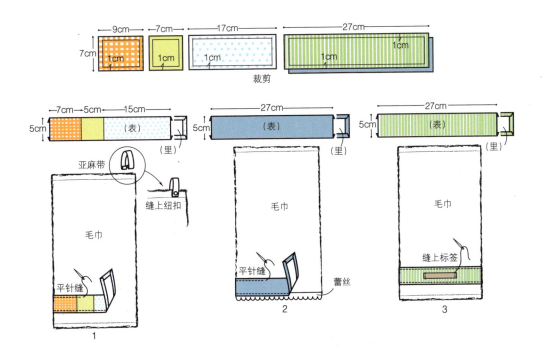

1. 根据毛巾的宽度，如图拼接各种颜色与材质的小布块。将小布块两侧的完成线对齐，手缝连接后，缝份向两侧分开并熨烫平整，连接成长方形的布条。完成后，将四周的缝份均向内侧折入，再熨烫平整，放在毛巾的一端，手缝固定。将亚麻带对折，两端的缝份折入，固定在毛巾的另一端上，然后在亚麻带上缝上纽扣做装饰即可。

2. 变化版之一：根据毛巾的宽度裁剪印花亚麻布，与毛巾的一端边缘对齐。在毛巾与印花亚麻布之间夹入0.5～1cm宽的蕾丝，参见步骤1的方法，以平针缝连同毛巾一起手缝。

3. 变化版之二：在毛巾的一端放上布条，参见步骤1的方法手缝，然后将标签的两端稍微向内折入，手缝固定即可。

巧妙运用小布块与贴布绣技法，在洁白的亚麻布上画画

迷你刺绣帘

Applique Curtain

制作方法 P150

制作方法 P152

为过时的旧相框换上新衣
布相框

Frame Cover

缝纫笔记

刚接触手作时，精确地裁剪对我而言都是一项挑战，真难以想象我会迷恋上它。然而通过各种创新巧思，一点一滴地增加了自信，对手作的兴趣也与日俱增。将弃之可惜的物品旧貌换新颜，成就感与满足感油然而生。只要熟悉布料的搭配组合，你我都能挑战成功！

裁剪方法

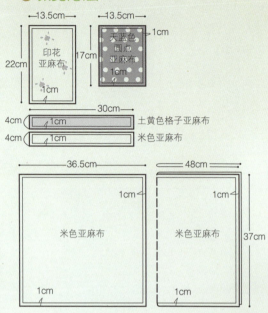

P130
纸巾盒

○布料：

表布：
印花亚麻布13.5cm×22cm
天蓝色圆点亚麻布13.5cm×17cm
米色亚麻布36.5cm×37cm

里布：
米色亚麻布48cm×37cm

悬挂吊带：
土黄色格子亚麻布30cm×4cm
米色亚麻布30cm×4cm

○其他材料

亚麻带2cm×12cm
转绣布4cm×4cm
直径为15mm的木纽扣2个
紫色绣线适量

○成品尺寸

12.5cm×10.5cm×30cm
（悬挂吊带部分除外）
以150～180抽的盒装纸巾为标准

○基本裁剪方法

　　根据图示的尺寸和数量，准备好所需布料，在布背面画出完成线，四周预留1cm缝份后加以裁剪即可。

1. 悬挂吊带

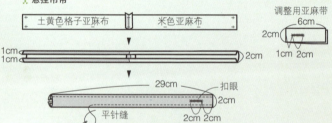

制作方法

1. 制作悬挂吊带：将土黄色格子亚麻布和米色亚麻布拼接成长条状，折入上下两边的缝份后熨烫平整，再用平针缝手缝边缘。对折调整用亚麻带，分别在悬挂吊带和亚麻带上标出扣眼的位置，剪开后以扣眼缝完成制作。

2. 根据图示的尺寸和位置，沿着完成线拼接表布用的印花亚麻布、天蓝色圆点亚麻布和米色亚麻布，需预留抽出纸巾的开口。决定了装饰图案的位置后，利用转绣布，用紫色绣线以十字绣绣出装饰字母。

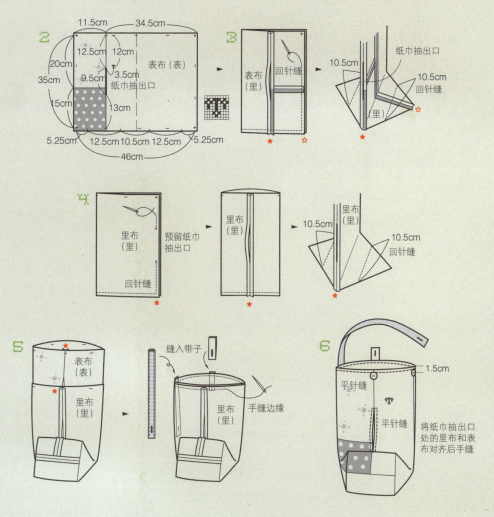

3 将步骤2完成的表布以中线为准两边折入，边缘对齐后，保留上端开口不缝，沿着边缘缝合其他部分。展开下端的两个边角，折成三角形，在三角形底边为10.5cm的位置手缝一条直线。

4 将里布用的米色亚麻布以中线为准两边折入，边缘对齐后，保留上端开口不缝，纸巾的抽出口位置也要预留开口，然后沿着边缘手缝。下端的两个边角如图展开，折成三角形，在三角形底边为10.5cm的位置手缝一条直线。

5 将表布袋通过预留的纸巾抽出口翻面，对准纸巾抽出口，将表布袋装入里布袋中。如图在表布和里布之间夹入悬挂吊带和调整用亚麻带，与开口边缘一起手缝固定。

6 通过纸巾抽出口将作品翻面，将里布袋塞入表布袋中，整理平整后让表布和里布的表面处于正确位置，用紫色绣线以平针缝连接纸巾抽出口的表布和里布。最后分别在适当的位置缝上与悬挂吊带和调整用亚麻带搭配的木纽扣即可。

裁剪方法

P131
多功能收纳袋

○ **布料**
灰色毛毡47cm×45cm
棕色毛毡47cm×30cm
米色毛毡47cm×21cm

○ **其他材料**
蕾丝12cm
直径15mm的木纽扣5个
紫色绣线适量

○ **成品尺寸**
47cm×56cm

○ **基本裁剪方法**
　　参考图示要求，准备好所需毛毡，在毛毡背面画出完成线，无须预留缝份即可裁剪。

制作方法

1. 将灰色毛毡和棕色毛毡上下重叠放置，交叠2cm宽，用紫色绣线以平针缝固定。在棕色毛毡上如图剪出2cm长的扣眼和12cm长的纸巾抽出口。

2. 如图示位置在米色毛毡上缝上木纽扣。

3. 在灰色毛毡上方依图示位置剪出四个扣眼，下方相应的位置缝上四个木纽扣。按图示尺寸，将下方的棕色毛毡折起17cm宽，并在棕色毛毡与灰色毛毡之间插入米色毛毡。将三张重叠的毛毡以平针缝固定两侧与中间部分，然后在右下方缝上蕾丝做装饰。

4. 在纸巾口袋的表面用紫色绣线绣出亮眼的十字绣图案做点缀，完成后可夹在桌边或单人椅的把手上，既实用又方便。

P133
布艺灯罩

○ 主材料
直径约20cm的竹环（或木环、木绣框）
五彩缤纷的印花布条、蕾丝各适量（长度为25～30cm）

○ 其他材料
粗铁丝约120cm

○ 成品尺寸
24cm×30cm

○ 基本裁剪方法
❶ 在印花布的背面画出完成线，裁剪时无须预留缝份。布条的适宜宽度为2～3.5cm，长度为25～30cm。在这个范围内，裁剪出不同宽度与长度的布条。
❷ 沿布的经线或纬线裁剪均可，但若沿对角线裁剪，容易造成边缘抽丝。
❸ 蕾丝类材质由于边缘易脱线，建议先折入固定，以免抽丝。

裁剪方法

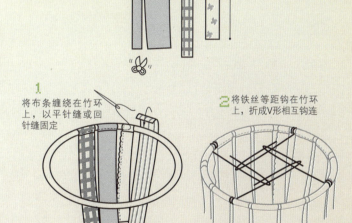

制作方法

1. 将五颜六色的印花布条和蕾丝随自己的喜好搭配组合，先用布条的一端包绕竹环，再以平针缝或回针缝固定。

2. 准备四根长约30cm的铁丝，将铁丝的一端缠绕固定在竹环上，将竹环四等分。在竹环内，将一根铁丝折成V形，钩住右边的铁丝中央；采用同样的方法将四根铁丝连在一起。然后将灯泡尾端从铁丝框中间穿过并卡住，再稳稳地固定在灯座上即可。

P135
迷你小房子针插

◦ **布料**
米色亚麻布6cm×18cm
四款印花布小布块各适量

◦ **其他材料**
PP颗粒适量
棉花适量

◦ **成品尺寸**
4cm×4cm×6cm（高）

◦ **基本裁剪方法**
❶ 根据实物版型准备好所需布料，在布背面画出完成线，四周预留1cm缝份后加以裁剪。缝制窗户用的布料只需预留0.5cm缝份。
❷ 选用图案较小的布料制作，成品更漂亮。

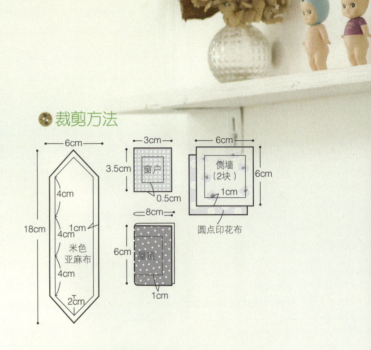

● **裁剪方法**

● **制作方法**

1. 将制作窗户用的布块四周缝份均向内折好并熨烫平整，然后放在米色亚麻布上（即小房子的侧面），沿着窗户用布的边缘以暗针缝固定。

2. 在米色亚麻布的中央部分（即小房子的底部），两侧边缘分别连接两块小房子的侧墙用布，仅手缝底部完成线部分，针脚不要超出缝份。

3. 将米色亚麻布重叠的缝份剪出三角形缺口，然后表面朝内折叠，对齐侧墙用布的完成线手缝拼接。侧墙的四条边线均按上述方法完成。

4. 屋顶用布先对折一下，再如图与米色亚麻布上端的★—☆标示对齐。先用珠针固定，预留返口后，沿着完成线手缝。

5. 将两侧转角处的缝份剪成三角形，再通过返口翻面。

6. 小房子的底部先用PP颗粒填满，再塞入棉花，然后将返口的缝份向内折，以暗针缝收口即可。

How to make

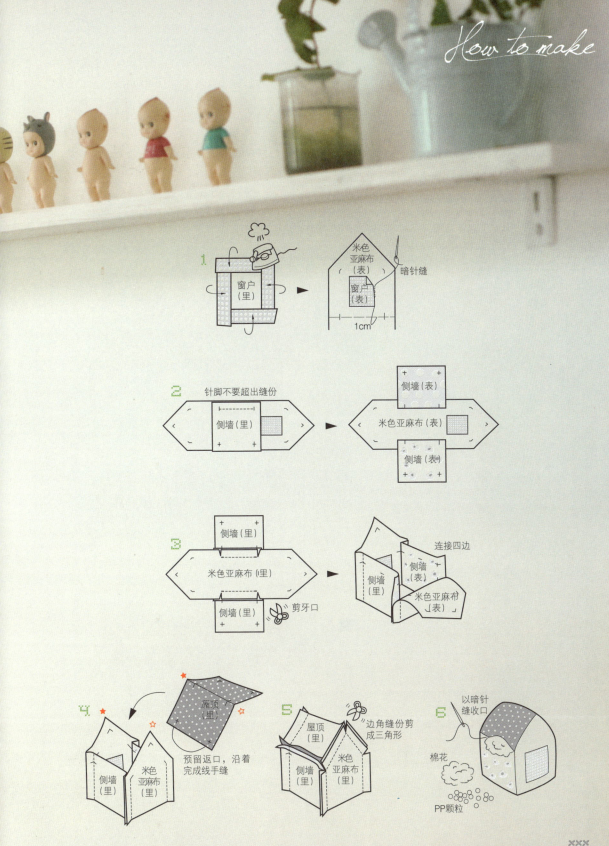

149

裁剪方法

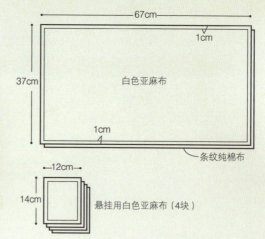

P140
迷你刺绣帘

○**布料**
正面用白色亚麻布67cm×37cm
背面用条纹纯棉布67cm×37cm
悬挂用白色亚麻24cm×28cm
（或48cm×14cm）
印花小布块与毛毡各适量

○**其他材料**
各种颜色的绣线适量

○**成品尺寸**
65cm×35cm（先测量悬挂布帘的位置尺寸再制作，若布帘的宽度有变化，需视情况增减悬挂用布的数量）

○**基本裁剪方法**
　　根据图示准备好布料，在布背面画出完成线，四周预留1cm缝份后加以裁剪。用于贴布绣的小布块只需预留0.5cm缝份，毛毡无须预留缝份。

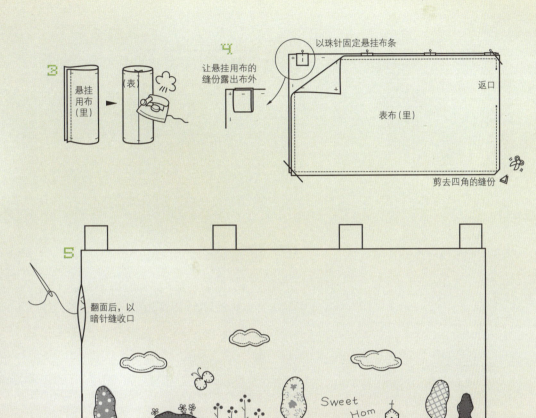

制作方法

1. 在正面用的白色亚麻布上，用布用水性笔画出花朵、树木、房屋和蝴蝶等图案，再依图案大小放上印花小布块或毛毡，以贴布绣技法将小布块固定在白色亚麻布上。方法参见P20和P21。

2. 灵活运用各种手缝针法，在适当位置以绣线绣出装饰图案或文字。方法参见P17、P18和P24。

3. 制作悬挂用布条：将悬挂用白色亚麻布纵向对折，沿着完成线手缝侧边。翻面后，让缝线位于中央并熨烫平整，共制作四条。

4. 将正面用白色亚麻布和背面用条纹纯棉布表面相对，边缘对齐，四条悬挂用布条对折，先用珠针固定在布帘的上方，一侧预留返口，沿着完成线手缝。

5. 通过返口翻面，以暗针缝收口，再熨烫平整即可。

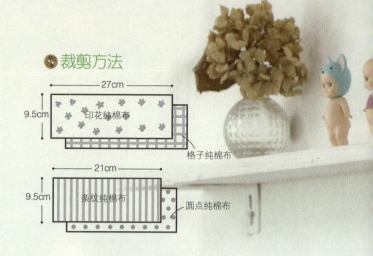

P142
布相框

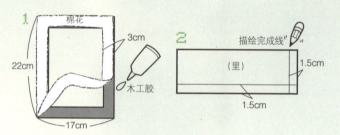

○ **主材料**

相框（22cm×17cm，边框宽3cm）
四款纯棉布：
（印花纯棉布27cm×9.5cm、
格子纯棉布27cm×9.5cm、
条纹纯棉布21cm×9.5cm、
圆点纯棉布21cm×9.5cm）
约200克棉花布

○ **其他材料**

双面胶、木工胶

○ **成品尺寸**

22cm×17cm

○ **基本裁剪方法**

　　可根据相框的大小及边框宽度准备所需的四种纯棉布，分别在布背面画出完成线，无须预留缝份即可加以裁剪。

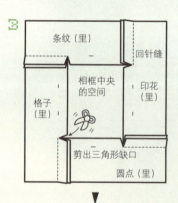

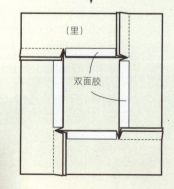

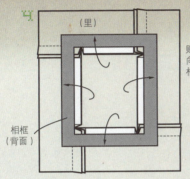

制作方法

1. 根据相框的尺寸及边框宽度裁剪棉花布,在相框正面涂上木工胶后,立刻贴上棉花布。

2. 在裁剪好的四款纯棉布背面,如图画出一横一纵两条完成线。

3. 将四款纯棉布如图呈风车状排列放置,描绘横向完成线的一边位于相框的内侧,布条的完成线对齐后手缝固定。完成线交错的内侧角落需剪出三角形缺口,然后在内侧1.5cm缝份处贴上双面胶。

4. 将相框正面朝下,放在步骤3完成的布条上,将贴好双面胶的部分向内折,用内侧边缘布料细致地包裹相框。

5. 将布条的四角剪去边长为7cm的等腰三角形,边缘如图贴上双面胶。

6. 为了不让布面显得松散或出现皱褶,请用适度的力量抻展,用布整齐地包好整个相框,然后用双面胶粘贴布料和相框即可。包裹相框背面时,需在布上打几个小洞,让固定相片的铁环露出。

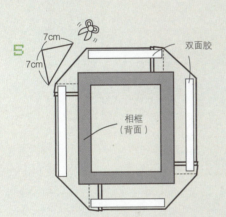

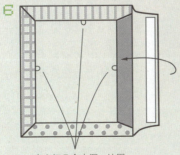

布上打几个小洞,让固定相片的铁环露出来

包裹大小不同的相框时,计算所需布料尺寸的方法

横向:相框长度+相框宽度+相框厚度
纵向:(相框宽度×2)+(相框厚度×2)

旧物巧心思

利用零碎布料表达心意
布艺包装新创意

创意 1

玻璃瓶与亚麻布

　　外出旅行时，常常会带回茶叶等当地特产，送给朋友当礼物。如果想与朋友分享这种特殊的味道和香气，最适合的容器非玻璃瓶莫属了。

　　将果酱瓶洗净并擦干，装入适量茶叶，然后把亚麻布剪成正方形，让边缘的线头呈自然散落状。将亚麻布盖在瓶口，用线绳缠绕两三圈后绑紧。在白色小布条上绣出简单的文字或图案，用别针固定在亚麻布上做装饰，就更美观了。

创意 2

纸箱与亚麻布

今年秋天，当你送出自家花园里亲手种植的栗子或水果当礼物时，试着用别出心裁的创意包装它们吧！首先，准备好与纸箱宽度相符的亚麻布，将布边向内折两折，再以平针缝固定。然后，在纸箱中装满栗子，盖上亚麻布后，用线绳捆绑。如果能在线绳间点缀几个松塔和小树枝，一款秋意浓浓的自然风包装就完成了。

提示1 无须另购纸箱，只要使用昔日的礼物盒就好。
提示2 覆盖在纸箱表面的亚麻布，可用餐垫或桌布制作。

创意 3

牛皮纸袋与亚麻带

为手札、笔记本和书籍穿上亚麻布外衣，再用质朴的牛皮纸袋包装，风格简洁大方，收到礼物的人一定会喜欢。

将礼物装入牛皮纸袋中，轻轻折起上端的开口，然后用线绳呈十字形捆绑。当然，这只是最普通的包装方式，只需再点缀一片承载心意话语的亚麻布条，就能起到亮眼效果。在亚麻布条两端涂上胶水，粘在纸袋下方。然后在亚麻布条中间插入一朵鲜花。能够想象，朋友收到礼物时，灿烂的微笑也会如花朵般绽放。

For working space
🕓 4:00

**在属于自己的工作空间里，
享受自由自在的手作时光**

书桌上散落着各式文具与多种用途的实用小物，
这些专属于你的个人用品要充分展现独特风格！
无论是布书衣还是可爱的玩偶，
在悠闲自在的午后，创作一些可以凸显个性的作品吧！

制作方法 P174

只用普通纸箱或木箱就能完成的独特风格实用文具

书桌上的留言板

Memo Board

制作方法 P176

无论是手札还是日记，都要随季节换上新衣，让人好好珍藏

布书衣

制作方法 P178

保存珍贵回忆的相簿当然要与众不同
迷你毛毡相簿

Leather Pen Case

为珍贵的高级笔找到一个家
皮笔袋

制作方法

○材料
棕色皮革8cm×45cm
装饰标签 1个
皮革专用线适量

○成品尺寸
8cm×19cm

○基本裁剪方法
根据实物版型准备好所需的皮革，无须预留缝份，直接裁剪即可。

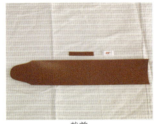

裁剪

1

2

3-1

3-2

1. 将裁剪好的棕色皮革按实物版型标示的点线位置对齐并折叠，在下方适当位置贴上装饰标签做点缀。

2. 开口之下，在前后两面的两侧完成线上，以0.3~0.5cm间距用针打洞。

3. 折起封口，在顶端向下约2.5cm处添加一条皮革，用于收合开口。先用平针缝固定皮革条两端，再以平针缝完全缝合笔袋两侧，让笔袋前后两面呈现自然且均匀的手缝状态即可。

多制作几个,
与好朋友一起分享的创意饰品
手机核桃吊饰

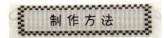

○布料
亚麻布或印花纯棉布等小布块

○其他材料
棉花适量
棉线(不要太粗)20cm
热熔胶

○成品尺寸
直径约2.5cm(因核桃的尺寸而略有差异)

○基本裁剪方法
将小布块裁剪成直径约8cm的圆形。

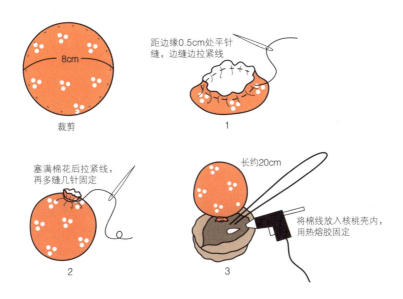

1 沿着裁剪好的圆形布边缘(距边缘0.5cm)平针缝,边缝边拉紧线,注意收口要平整。

2 填入棉花,使圆球呈饱满状后拉紧缝线,直至开口完全密封。在开口处多缝几针固定,以避免圆球松开。

3 选择适当粗细的棉线做手机吊饰线,将棉线对折,末端放入核桃壳中,再挤入热熔胶,然后放上步骤2完成的圆布球,粘贴固定即可。

缝纫随笔

　　将形形色色的材料和布料自由组合的搭配过程，也是手作令人欲罢不能的乐趣之一。各式各样的纽扣、标签和蕾丝等元素，均适合与气质天然的亚麻布搭配，就算只装饰一个微小的细节，也能让整体作品焕然一新，呈现完美的效果。当你空闲时，请细心收集各种风格的装饰元素吧，有朝一日它们一定能派上用场。

Wall Pocket

42

整齐收纳签字笔、便签和CD等小物，
悬挂在墙壁上既实用又美观
悬挂式收纳袋

制作方法 P180

制作方法 P182

Wool Felt Teddy

令人爱不释手的小玩偶，是挑战羊毛毡球的最佳开端
粉红色羊毛小熊

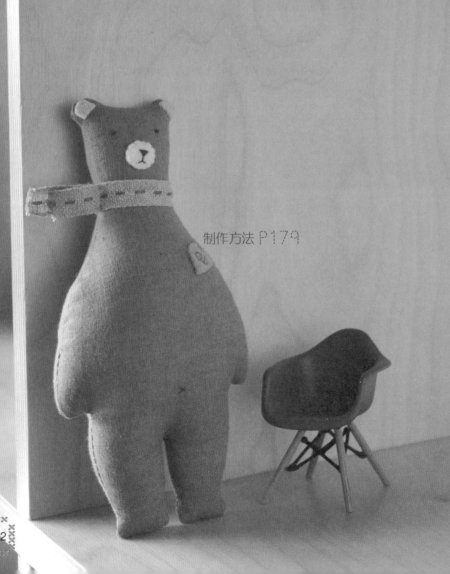

制作方法 P179

Linnen Teddy Bear

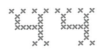

书架上的可爱朋友，只要缝合前后两块布就能轻松完成

亚麻泰迪熊

P159
书桌上的留言板

○ 主材料
外框：
厚度为12mm的木板90cm×6cm2块
厚度为12mm的木板45cm×6cm3块
厚度为3mm的MDF板90cm×47.4cm

毛毡布：
米色毛毡35cm×45cm
浅棕色毛毡35cm×20cm

○ 其他材料
直径为15mm的木纽扣1个
蕾丝10cm
绣线适量
黑板喷漆适量
白色天然油漆适量
框架用悬挂钉2个
纱布适量
强力胶（木工用）适量

○ 成品尺寸
90cm×47.4cm

○ 基本裁剪方法
参考图示准备木板和毛毡布，毛毡无须预留缝份，直接裁剪即可。

● 裁剪方法

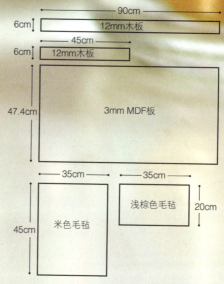

● 制作方法

1. 将5块12mm厚的木板如图组合固定，完成外框架。在木板表面均匀地刷上白色天然油漆，然后用纱布制作出纹理。在外框上方两端加上悬挂框架用的悬挂钉。

2. 依成品尺寸准备1块3mm厚的MDF板，其中一面均匀地喷上黑板喷漆，重复喷两三次后完全晾干，再用强力胶粘贴在外框架背后。

3. 如图在米色毛毡上缝上木纽扣，在浅棕色毛毡上剪一个扣眼，然后将蕾丝的两端固定在浅棕色毛毡上做点缀。

4. 将浅棕色毛毡放在米色毛毡上，以平针缝缝合三边，保留上方开口，呈口袋状，然后在米色毛毡上以平针缝装饰边缘。

5. 在毛毡的背面涂上强力胶，如图粘在框架内部的左侧，右侧则为黑板部分。

How to make

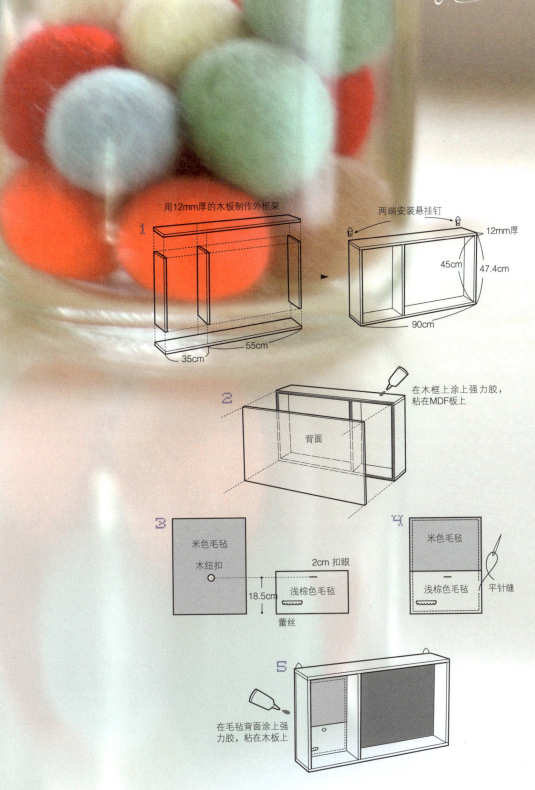

裁剪方法

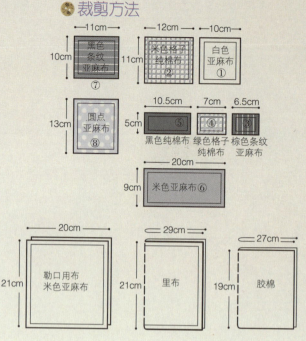

P160
布书衣

○ 主材料
笔记本12.5cm×18cm×1.3cm（厚）

表布：
①白色亚麻布10cm×11cm
②米色格子纯棉布12cm×11cm
③棕色条纹亚麻布6.5cm×5cm
④绿色格子纯棉布7cm×5cm
⑤黑色纯棉布10.5cm×5cm
⑥米色亚麻布20cm×9cm
⑦黑色条纹亚麻布11cm×10cm
⑧圆点亚麻布11cm×13cm
胶棉27cm×19cm

勒口用布：
米色亚麻布20cm×21cm 2块

里布：
米色亚麻布（或纯棉布）29cm×21cm

○ 其他材料
棉线45cm、装饰标签1个、吊饰1个

○ 成品尺寸
12.5cm×19cm

○ 基本裁剪方法

❶ 参考图示要求的数量与尺寸，准备好所需布料，在布背面画出完成线，四周预留1cm缝份后加以裁剪；胶棉无须预留缝份。

❷ 为不同尺寸的笔记本制作布衣时，先量出笔记本的大小，四周预留1cm缝份后加以裁剪即可。

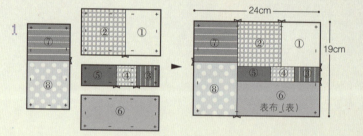

熨烫胶棉

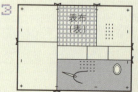

贴上标签，绣出装饰图案

How to make

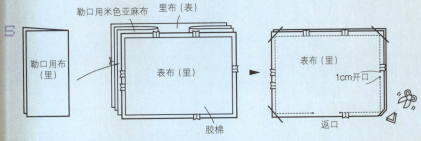

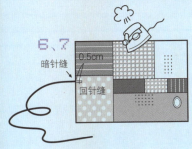

制作方法

1. 如图放置各种布料，按布块的编号依序手缝拼接，缝份应分开摊平并熨烫平整。

2. 在完成的表布背面熨烫上未留缝份的胶棉。

3. 在表布上用绣线以平针缝绣出装饰图案（连胶棉一起缝），然后贴上装饰标签，固定吊饰。

4. 将米色亚麻布（勒口用布）内侧相对对折，开口朝外放在里布上（另一块也同样处理），与两侧边缘对齐后，上方盖上表布（表面朝下），四周对齐后疏缝固定。下方中央预留返口，然后手缝上下4块布，在表布的右侧的中间位置预留1cm宽的开口。

5. 沿对角线剪去四个边角的缝份，再通过返口翻面，然后以暗针缝收口。

6. 推出四角，边缘处理平整，再熨烫服帖。

7. 在表布右侧预留的开口处塞入棉线（夹入约1cm长），再以暗针缝收口固定，然后从完成线向内0.5cm处以回针缝加固棉线即可。

P161
迷你毛毡相簿

布料：
表布：
棕色毛毡27cm×17cm
勒口用布：
灰色毛毡21cm×17cm
装饰用布：
各种颜色的毛毡小布块

其他材料
星形纽扣9个
相簿内页（12.5cm×16cm）1组
手缝线适量

成品尺寸
13cm×17cm

基本裁剪方法
　　参考图示尺寸，分别准备好棕色毛毡和灰色毛毡，无须预留缝份即可裁剪。装饰用的各种颜色毛毡分别依需要裁剪。

裁剪方法

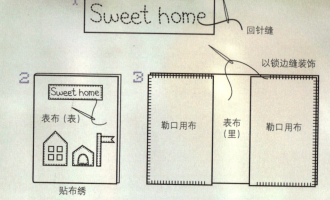

制作方法

1. 在装饰用的毛毡小布块上以回针缝绣出英文字，然后利用各种颜色的毛毡小布块组合成多种图案。

2. 将毛毡小布块组合成的各种装饰图案放在棕色毛毡的正面，以贴布绣固定，再缝上星形纽扣做点缀。

3. 在棕色毛毡的背面两侧分别放上勒口用的灰色毛毡，以锁边缝技法手缝边缘，完成后翻面。

4. 将相簿内页放在棕色毛毡背面，对准中线，沿着中线以平针缝固定即可。

How to make

裁剪方法

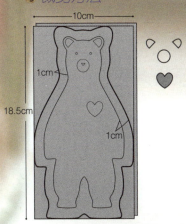

P173
亚麻泰迪熊

○布料
棕色亚麻布20cm×18.5cm
毛毡小布块适量
（黄色、白色和粉红色等）

○其他材料
棉花适量
绣线适量
亚麻带20cm

○成品尺寸
8cm×16.5cm

○基本裁剪方法
　　根据实物版型准备好两块棕色亚麻布，在布背面画出完成线，四周预留1cm缝份后加以裁剪。

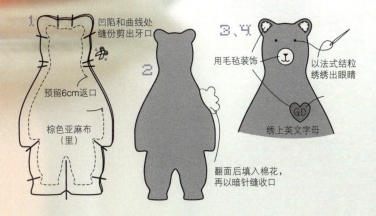

制作方法

1. 将棕色亚麻布表面相对叠放，在一侧手臂的位置预留约6cm的返口，然后沿着完成线手缝，凹陷与曲线部分的缝份应剪出牙口。

2. 通过返口翻面，再填满棉花，然后以暗针缝收口。

3. 在图中标示的眼睛位置，以法式结粒绣绣出眼睛；在一小块圆形白色毛毡上绣出鼻子和嘴；如图剪出两块半圆形黄色毛毡做耳朵；在粉红色心形毛毡上绣出英文字母。

4. 将步骤3制作的小毛毡布块，以贴布绣固定在适当位置。

5. 将亚麻带环绕在泰迪熊的颈部，只固定亚麻带的末端，无须缝在泰迪熊身上，松松地套上即可。

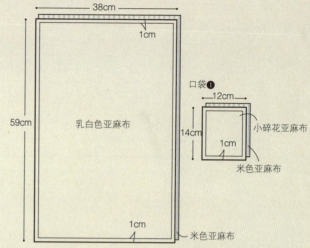

P168
悬挂式收纳袋

○布料：

表布：
乳白色亚麻布38cm×71cm
小碎花亚麻布12cm×14cm
细格亚麻布22cm×4cm
圆点亚麻布7cm×12cm
方格亚麻布34cm×20cm

里布：
米色亚麻布72cm×60cm

○其他材料

装饰标签2个
红色绣线适量
衣架1个

○成品尺寸

36cm×50cm

○基本裁剪方法

❶ 参考图示要求的尺寸和数量准备好所需布料，在布背面画出完成线，四周预留1cm缝份后加以裁剪。

❷ 作为里布使用的亚麻布选择比表布略厚挺的材料，尺寸共需72cm×60cm。

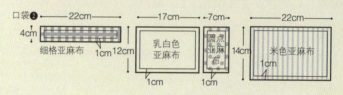

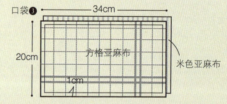

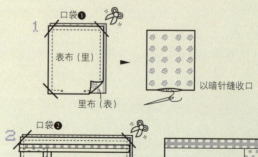

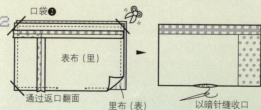

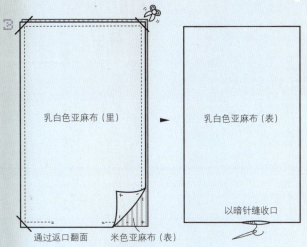

制作方法

1. 制作口袋❶：将小碎花亚麻布和米色亚麻布表面相对叠放，边缘对齐，下方预留返口，沿着完成线手缝。完成后剪去四角的缝份并翻面，再以暗针缝收口。

2. 制作口袋❷：如图拼接细格亚麻布、圆点亚麻布和乳白色亚麻布，再与米色亚麻布表面相对叠放，边缘对齐，下方预留返口后沿着完成线手缝。完成后剪去四角的缝份并翻面，再以暗针缝收口。口袋❸的制作方法同上，完成后分别在口袋❷和口袋❸上缝上装饰标签。

3. 底布的制作方法与口袋❶相同，将乳白色亚麻布与米色亚麻布表面相对，边缘对齐，下方预留返口后，沿完成线手缝，再以暗针缝收口。

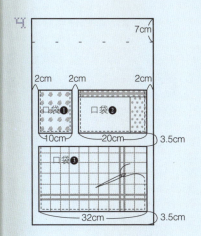

4. 将口袋❶、口袋❷和口袋❸如图放在底布上，除了上端开口外，手缝其他三边，固定在底布上。

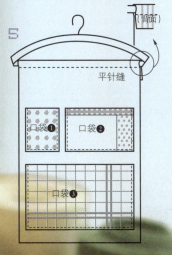

5. 将衣架放在底布下方，上缘约7cm部分挂在衣架上，用红色绣线以平针缝固定即可。

裁剪方法 ●参考玩偶实物确认图案尺寸●

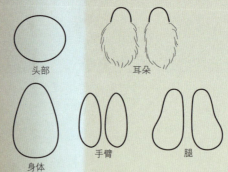

头部　　耳朵

身体　　手臂　　腿

制作方法

1. 使用毛毡专用1号和5号钩针为浅粉色羊毛塑形，分别制作出小熊的头部、身体、两条手臂、两条腿和两只耳朵，塑形方法参见P25。分三次抽取适量羊毛，保留下方的毛须部分，只将上方塑成半球状，再用针戳刺出稍厚的耳朵部分。

2. 耳朵内侧和脚底如图示制作，加入紫红色羊毛。

3. 在耳朵内侧和脚底用粉红色羊毛制作出圆点图案。

4. 在小熊的肚子上用紫红色羊毛制作出心形图案。

5. 将耳朵下端的毛须部分以戳刺的方式塞入小熊的后脑勺，让耳朵固定在头顶上方。再用适量紫红色羊毛在脸中央制作出鼻子，将两颗圆形纽扣固定在鼻子的两旁，作为小熊的眼睛。

6. 用余下的羊毛仔细连接固定头部与身体，多用些浅粉色羊毛环绕在头部和身体的连接处。

7. 在身体的上端两侧用绣线缝上手臂，然后分别在手臂的外侧缝上白色花形纽扣做装饰。双腿的固定方法与手臂相同。

P171
粉红色羊毛小熊

●主材料
浅粉色羊毛80克
粉红色羊毛5克
紫红色羊毛10克

●其他材料
圆形纽扣2个
白色花形纽扣4个
绣线10m

●其他工具
毛毡专用1号钩针
棉花工作垫
戳针用5号钩针

●成品尺寸
身高20cm（坐姿高度15cm）

How to make

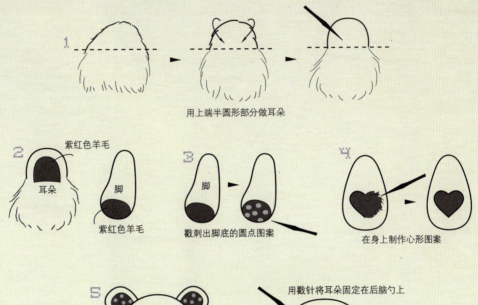

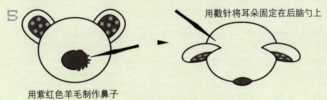

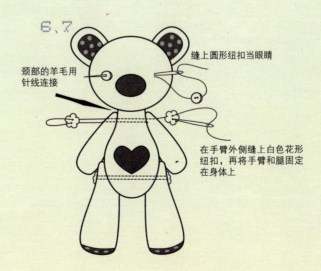

献给小宝贝的温馨礼物

殷切期盼着新生儿出生的准爸妈,

庆祝宝宝满月的新手爸妈,

以及想为朋友的孩子送上满满心意的礼物时,

不妨用质地天然的亚麻布和纯棉布精心制作各式婴儿小物,

即使他／她长大成人后,这些都是珍贵又可爱的纪念品!

🕔 5:00
Present for Baby

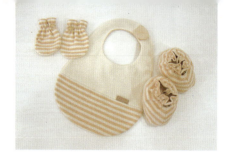

45

初生小宝贝最需要的礼物
婴儿手套

制作方法 P200

Newborn Baby's items

46
初生小宝贝最需要的礼物
婴儿袜套

制作方法 P201

为小宝宝带来温暖的包毯，
选用稍厚的材料制作，也有天然的柔软触感
婴儿包毯

Rabbit Toy Set

制作方法 P204, P205

制作方法 P202

洁白的毛巾布制作的手抓玩偶，经得起反复洗涤

手偶之白兔哥哥 / 妹妹

亚麻布是制作婴儿用品的常用布料，此外，毛巾布和薄纱等有弹性的布料也是小宝宝的好朋友。

套上枕套,让它成为小宝宝的亲密朋友
动物大头枕

Animal Cushion

制作方法 P206

制作方法 P208

为刚满月的小宝宝精心准备的最佳礼物
婴儿室内鞋

51

如此美妙的创意，只需悬挂色彩缤纷的羊毛球就完成了

羊毛球风铃

制作方法

○主材料
6种颜色的羊毛各5g
白色棉线适量
棕色棉线适量
竹圈（直径25～30cm）

○工具
专用1号钩针
海绵垫
5号戳针

○成品尺寸
直径25cm，高度35cm

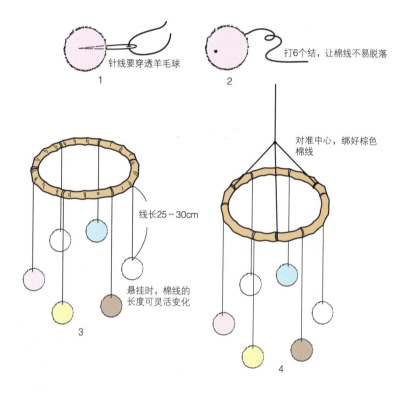

1. 使用专用1号钩针分别制作出6种颜色的羊毛球，方法参见P25。将较粗的白色棉线穿入手缝针，然后贯穿羊毛球的中央。

2. 为避免羊毛球脱落，请在棉线的末端多打几个结，系出较大的结，再剪去余线，另一端保持适当长度。6个羊毛球都采用相同的方法制作。

3. 将竹圈均分成6等份，分别绑上6个羊毛球。悬挂线的长度最好长短不一（不要短于20cm），让作品更灵动。

4. 在竹圈上方3等分的位置绑上等长的3根棕色棉线，使竹圈保持水平状态，再将3根棕色棉线聚于中心，系在一根较长的棕色棉线上即可。

6个月以上婴儿外出必备的时尚小物
宝宝系带软帽

53

宝宝在哪里都能睡得安稳——方便携带的婴儿寝具
便携式宝宝睡袋

Sleeping Bag

制作方法 P212

P186 婴儿手套

○布料
正面用布：
条纹针织布23cm×15cm
背面用布：
米色针织布23cm×15cm

○其他材料
松紧带25cm
米色毛线小花2朵

○成品尺寸
9cm×10.5cm

○基本裁剪方法
根据实物版型准备好所需布料，在布背面画出完成线，四周预留0.5cm的缝份后加以裁剪即可（以一双为标准）。

🌸 裁剪方法

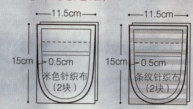

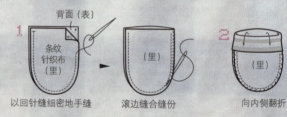

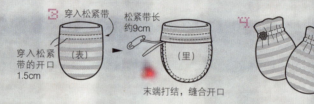

🌸 制作方法

1. 将条纹针织布与米色针织布表面相对叠放，边缘对齐，保留上端开口不缝，沿着完成线细密地手缝，再以滚边缝缝合两块布的缝份。手缝时，可先疏缝固定，使制作更流畅。

2. 如图将开口处的布边向手套里侧翻折。

3. 翻面，在需要穿入松紧带的位置手缝两道线，形成松紧带穿入的通道。通道下端需预留1.5cm的开口，以便穿入松紧带。用小别针等工具辅助穿入松紧带，末端打结连接，再缝合开口（松紧带打结后，长约9cm）。

4. 在两只手套的正面分别缝上米色毛线小花做装饰即可。

How to make

P187 婴儿袜套

◦ 布料
脚背与侧面用布：
条纹针织布26cm×24cm
袜底用布：
棕色针织布11cm×14cm

◦ 其他材料
松紧带30cm
棕色毛线小花2朵

◦ 成品尺寸
5.5cm×9.7cm×8.3cm（高）

◦ 基本裁剪方法
根据实物版型准备好所需布料，在布背面画出完成线，四周预留0.5cm缝份后加以裁剪即可（以一双为标准）。

❀ 裁剪方法

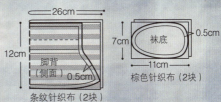

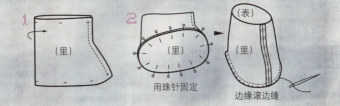

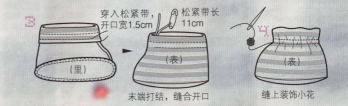

❀ 制作方法

1. 将条纹针织布表面相对对折，边缘对齐，保留上端开口不缝，细致地沿着完成线手缝。

2. 在条纹针织布上放上棕色针织布做袜底，如图先用珠针固定，再沿着完成线细密地手缝，然后以滚边缝缝合两块布的缝份。

3. 如图将开口处的布边向袜套里侧翻折，翻面后在需要穿入松紧带的位置手缝两道线，形成松紧带穿入的通道。通道下端需预留1.5cm的开口，以便穿入松紧带。用小别针等工具辅助穿入松紧带，末端打结连接，再缝合开口（松紧带打结后长约11cm）。

4. 在两只袜套的正面分别缝上棕色毛线小花做装饰即可。

P188
婴儿包毯

布料
底布：
白色纯棉布87cm×174cm
头盖用布：
印花纯棉布30cm×30cm

其他材料
天蓝色绒球4m

成品尺寸
85cm×85cm

基本裁剪方法
　　依图示准备好所需布料，四周预留0.7cm缝份后加以裁剪；底布和头盖用布的四角裁剪成弧形。

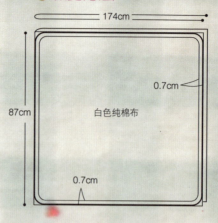

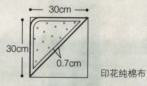

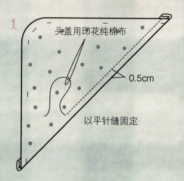

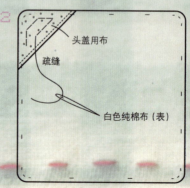

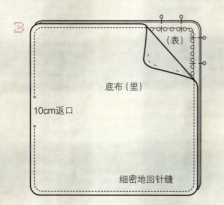
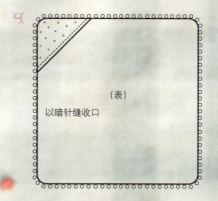

制作方法

1. 将三角形的印花纯棉布底边向内折两次，再以平针缝固定。

2. 将印花纯棉布放在白色纯棉布的一角，以疏缝固定，以免在之后的手缝过程中移动。

3. 将两块白色纯棉布表面相对叠放，边缘对齐后，如图沿着完成线置放天蓝色绒球。圆球朝向内侧，先用珠针固定，需预留约10cm的返口，然后细密地缝合。

4. 通过返口翻面，然后折入返口的缝份，并以暗针缝收口即可。

宝宝制品专用布

纯棉布、亚麻布和毛巾布都是制作婴儿用品时经常使用的材质，这些布料大多具有弹性。使用时，需要注意以下几点：

1. 无须剪牙口，预留较窄的缝份即可。
2. 布的编织方向会影响成品的效果，因此裁剪时应先确认编织的方向。
3. 手缝具有弹性的布料时，应轻轻地拉住布料并细密地手缝，作品完成后会比较平整。
4. 这款作品是将两块纯棉布重叠缝制，具有一定的厚度。若想制作较薄的婴儿包毯，也可用单面纯棉布制作。

P189
手偶之 白兔哥哥

o 布料
乳白色毛巾布17cm×23cm
天蓝色毛巾布少许

o 其他材料
棕色绣线适量
棉花100克
粉红色毛线小花1朵

o 成品尺寸
9.5cm×15cm

o 基本裁剪方法
① 根据实物版型准备好所需布料，在布背面画出完成线，四周预留0.5cm缝份后加以裁剪。
② 鼻子用布预留0.5cm缝份后裁剪。

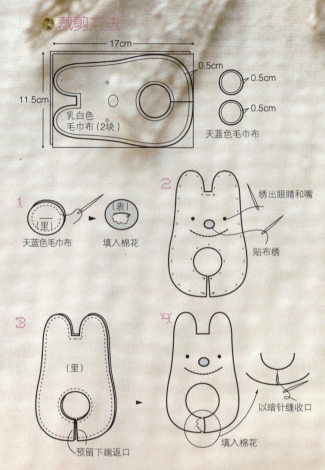

● 制作方法

1 制作鼻子：将两块天蓝色毛巾布表面相对叠放，沿着边缘手缝，在其中一块布的中间剪出一个小缺口，翻面后，从缺口填入少许棉花。

2 在玩偶正面乳白色毛巾布的适当位置放上天蓝色的鼻子（缺口朝里），以贴布绣固定。用棕色绣线绣出眼睛和嘴：眼睛使用缎面绣，嘴采用回针缝。在兔子的左耳上装饰粉红色毛线小花。

3 将两块乳白色毛巾布表面相对叠放，沿着边缘细密地手缝，缝合时要轻拉布面。缝份尽可能剪出细小的牙口，下方两侧预留的返口无须缝合。

4 通过返口翻面，再填入棉花，使作品形状饱满，尽量不要有空洞的地方。分别折入返口处的缝份，以回针缝收口即可。

How to make

P189
手偶之白兔妹妹

○ **布料**
乳白色毛巾布16cm×8.5cm
手环用花纹布17cm×6cm
（柔软材质）

○ **其他材料**
松紧带12cm
粉红色绣线适量
棉花30克

○ **成品尺寸**
6cm×6.5cm

○ **基本裁剪方法**
　　根据实物版型准备好所需布料，在布背面画出完成线，四周预留0.5cm缝份后加以裁剪。

❀ **裁剪方法**

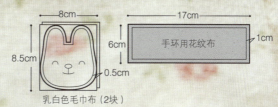

❀ **制作方法**

1. 在玩偶正面乳白色毛巾布的适当位置，用粉红色绣线绣出兔子的五官：眼睛和嘴采用回针缝，鼻子则使用缎面绣。

2. 将两块乳白色毛巾布正面相对叠放，下方预留返口后手缝边缘。通过返口翻面，再塞入棉花让玩偶形状均匀饱满，然后以暗针缝收口。

3. 将花纹布表面相对，如图对折，对齐边缘，手缝边线后翻面，穿入松紧带后打结，形成长约10cm的圆环。以暗针缝连接花纹布的两端，手环便完成了。

4. 将手环固定兔子脑后的中央位置即可。

P191
动物大头枕

◦ **布料**

枕头：
正面用鹅黄色毛巾布35cm×22cm
背面用天蓝色毛巾布35cm×22cm
鹅黄色毛巾布（耳朵）10cm×20cm
棕色圆形毛巾布（鼻子）
鹅黄色毛巾布（尾巴）
天蓝色毛巾布（尾巴）
棉花200克

枕套：
格子纯棉布32cm×22cm

◦ **其他材料**
棕色绣线适量

◦ **成品尺寸**
28.5cm×20cm（尾巴除外）

◦ **基本裁剪方法**
① 根据实物版型准备好所需布料，在布背面画出完成线，四周预留1cm缝份后裁剪。
② 制作耳朵、尾巴和鼻子的用布需预留0.5cm缝份。
③ 枕套用布根据实物版型裁剪，准备好两块宽度为14cm的布料，四周需预留1cm缝份。

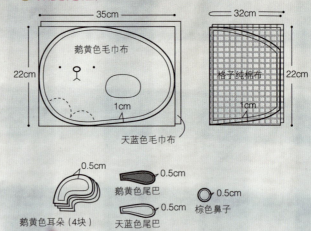

◦ **裁剪方法**

◦ **制作方法**

1. 在鹅黄色毛巾布的表面，以贴布绣固定棕色圆形毛巾布做鼻子，再用棕色绣线绣出眼睛和嘴，然后在下方以平针缝绣出弧形装饰线条。

2. 制作耳朵：将两块鹅黄色毛巾布表面相对叠放，边缘对齐，预留返口后，沿着完成线手缝，翻面后填入棉花；采用同样的方法完成另一只耳朵。制作尾巴：将鹅黄色毛巾布和天蓝色毛巾布表面相对，缝合边缘，翻面后填入棉花。

3. 将身体部分的鹅黄色毛巾布和天蓝色毛巾布表面相对叠放，边缘对齐，在两块布之间的适当位置夹入两只耳朵和尾巴，用珠针固定后，紧密地缝合，下方需预留返口。

4. 通过返口翻面，整理平整，然后在宝宝头部枕睡的位置以平针缝绣出椭圆形图案，缝合上下两块布。椭圆形完全封闭之前，需填入适量棉花，让枕头触感柔软。

5. 在枕头的其余部分也填入棉花，再以暗针缝收口。注意，如果棉花填得过度饱满，宝宝会觉得不舒服，因此填至蓬松程度即可。

6. 将制作枕套的两块格子纯棉布表面相对叠放，边缘对齐后，沿着上下完成线手缝。翻面，两侧缝份向内折两折，再以平针缝固定边缘即可。

How to make

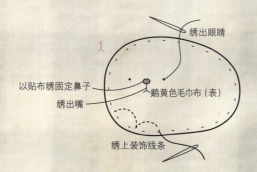

1. 绣出眼睛 / 鹅黄色毛巾布（表）/ 以贴布绣固定鼻子 / 绣出嘴 / 绣上装饰线条

 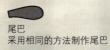

2. 耳朵（里）/ 回针缝 / 耳朵（表）/ 翻面再填入棉花 / 耳朵 / 尾巴 采用相同的方法制作尾巴

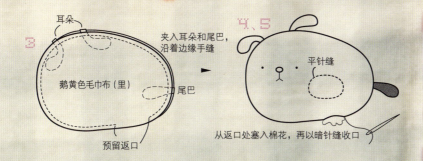

3. 耳朵 / 鹅黄色毛巾布（里）/ 尾巴 / 预留返口 / 夹入耳朵和尾巴，沿着边缘手缝

4、5. 平针缝 / 从返口处塞入棉花，再以暗针缝收口

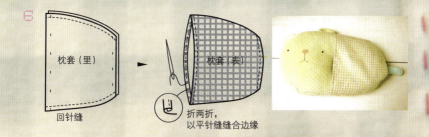

6. 枕套（里）/ 回针缝 / 枕套（表）/ 折两折，以平针缝缝合边缘

P193
婴儿室内鞋

◦ **布料**

鞋面表布：
印花亚麻布21cm×16cm
圆点亚麻布18cm×16cm
115g胶棉55cm×15cm

鞋面里布与鞋底表布：
浅米色亚麻布65cm×16cm

鞋底里布：
条纹纯棉布17cm×16cm

◦ **其他材料**
绣线适量
花形小纽扣2个
磁铁纽扣2组

◦ **成品尺寸**
13cm×6.5cm（鞋底尺寸）

◦ **基本裁剪方法**

① 根据实物版型准备好所需布料，在布背面画出完成线，四周预留1cm缝份后加以裁剪；胶棉无须预留缝份。

② 实物版型以右脚为标准，制作左脚时，请将版型翻转使用。

裁剪方法 ●每块布料均需裁剪两份●

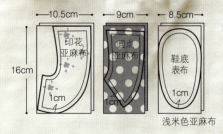

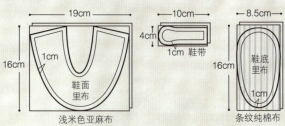

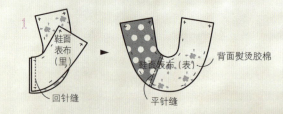

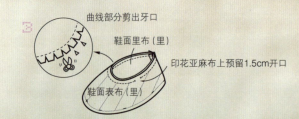

制作方法

1. 将印花亚麻布与圆点亚麻布拼接,再沿着圆点亚麻布的边缘用紫色绣线以平针缝装饰,完成后在布背面熨烫上胶棉。

2. 将步骤1完成的鞋面表布表面相对,两端对齐后手缝脚根部分,缝份向两侧摊开后熨烫平整。将浅米色亚麻布(鞋面里布)表面相对,两端对齐后手缝脚根部分。

3. 将鞋面里布放入鞋面表布中,表面相对且边缘对齐,手缝鞋口部分。在印花亚麻布上预留约1.5cm的开口,缝份需剪出牙口。

4. 从鞋口处将鞋面里布拽出来,鞋面表布与熨烫好胶棉的浅米色亚麻布(鞋底表布)缝合;再采用同样的方法,拼接鞋面里布与条纹布纯棉布(鞋底里布),里布上需预留返口。

5. 通过返口翻面,让表布的表面朝外,再以暗针缝收口,然后将里布塞入表布中,整理平整。

6. 在其中一块制作鞋带的亚麻布上,沿着完成线熨烫裁剪好的胶棉,然后将两块布表面相对,边缘对齐,手缝固定,需预留返口。曲线部分的缝份如图剪出牙口,然后通过返口翻面,再以暗针缝收口。

7. 在印花亚麻布上预留的开口处夹入鞋带,用绣线以平针缝固定表布、鞋带和里布。在鞋带表面缝上花形小纽扣,内侧缝上磁铁纽扣(+),在圆点亚麻布的对应位置缝上磁铁纽扣(-),右脚室内鞋就完成了。左脚请按照相同的步骤制作。

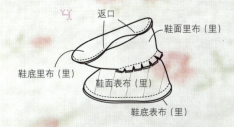

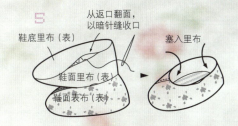

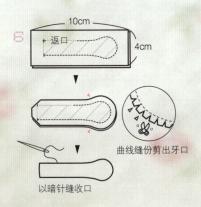

P197
宝宝系带软帽

○布料
表布：
天蓝色印花纯棉布50cm×30cm
里布：
条纹纯棉布50cm×30cm
系带：
条纹纯棉布36cm×8cm

○其他材料
天蓝色纽扣2个

○成品尺寸
适合6个月以上婴幼儿

○基本裁剪方法
　　根据实物版型的尺寸和数量准备好所需布料，在布背面画出完成线，四周预留1cm缝份后加以裁剪。

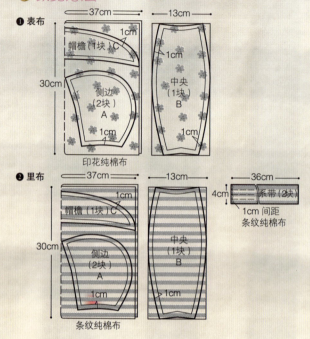

裁剪方法

❶ 表布 / 印花纯棉布
❷ 里布 / 条纹纯棉布
系带 / 条纹纯棉布

制作方法

1. 将天蓝色印花纯棉布依实物版型裁剪成表布A两块、表布B和表布C各1块。表布B的两侧分别与表布A手缝连接，曲线部分的缝份需剪出牙口后翻面。

2. 将表布C（帽檐）与步骤1完成的部分边缘对齐，沿着完成线手缝拼接。

3. 里布采用同样的方法，用条纹纯棉布完成步骤1与步骤2的操作。

4. 制作软帽系带：将条纹纯棉布的左右两端先向内折，如图分成四等份后折叠，再以暗针缝固定。依同样的方法完成另一条绑带。

5. 如图在表布与里布之间塞入系带，系带末端1.5cm处与帽子下缘的完成线对齐，系带边缘与表布、里布的缝合线对齐。在一侧预留返口后，沿着完成线手缝。与对角线平行，裁去两个边角的缝份。

6. 通过返口翻面，向内折入返口的缝份，以暗针缝收口，然后熨烫整平。在帽子两侧连接系带的部分缝上纽扣，不仅具有装饰效果，还能让绑带更牢固。

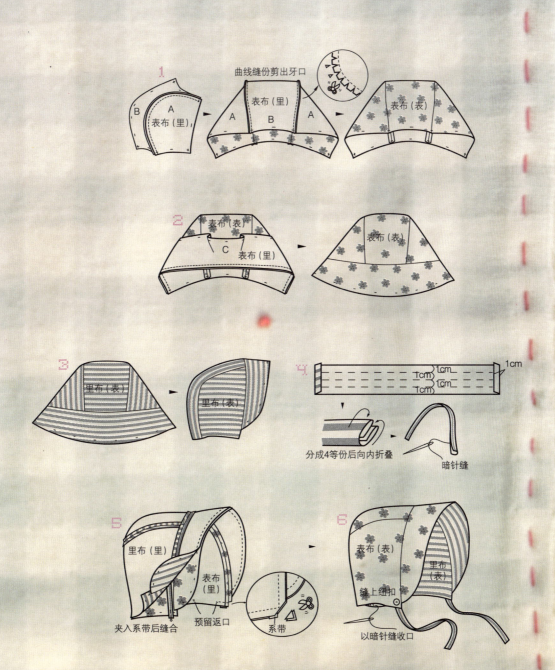

P198
便携式宝宝睡袋

◦ **布料**
粉红色铺棉布120cm×160cm
粉红色条纹铺棉布120cm×160cm
粉红色纯棉布120cm×90cm

◦ **成品尺寸**
120cm×160cm

◦ **基本裁剪方法**
　　根据实物版型准备好所需布料。铺棉布最好选用宽度为7～8cm的长方形铺棉规格。准备一块较大的粉红色纯棉布，用于裁剪提手和滚边用布。

裁剪方法

160cm / 120cm 粉红色铺棉布

160cm / 120cm 粉红色条纹铺棉布

120cm / 90cm 粉红色纯棉布（滚边、提手和固定带）

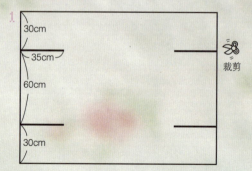

裁剪

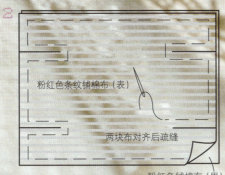

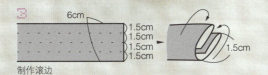

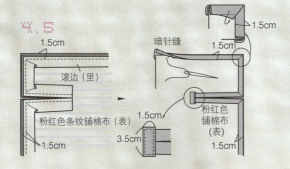

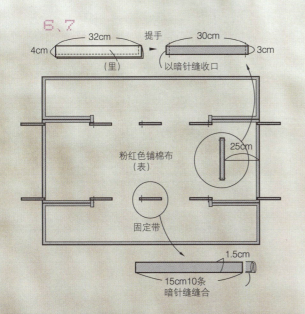

制作方法

1. 将粉红色铺棉布边长为120cm的两边按30cm、60cm、30cm分成3份,如图分别向内裁剪35cm长。粉红色条纹铺棉布也同样处理。

2. 将粉红色铺棉布与粉红色条纹铺棉布的背面相对,边缘对齐后以疏缝固定。

3. 制作滚边：将粉红色纯棉布裁剪成6cm宽的布条,均分成4等份后如图向内折叠,再熨烫平整。

4. 固定滚边：将滚边与粉红色条纹铺棉布表面相对,边缘对齐,在距边缘1.5cm处手缝,同时缝合固定另一面的粉红色铺棉布。

5. 将滚边向另一面翻折,包起上下两层布,滚边的边缘如图向内折入,再以暗针缝固定。粉红色铺棉布的边缘要全部用滚边包裹好,包括两侧剪开的部分也是如此,这是作品的制作重点。剪开部分的顶端处,使用的滚边布长度应比包边的滚边宽度略宽一些。

6. 制作固定带：用暗针缝制作10条15cm长的带子,参见图中固定带的位置,在床垫的背面一一手缝固定带的两端。

7. 使用尺寸为32cm×8cm的粉红色纯棉布制作提手。将粉红色纯棉布表面相对对折,预留1cm缝份后手缝边缘。将布条翻面,两端分别向内折入约1cm,以暗针缝收口。将完成的提手参考图示位置,手缝固定在睡袋背面即可。

Fine.
53 linen & cotton sewing goods
: made by oneafternoon

Sewing in the afternoon

Copyright © KIM Jeong-a (金贞娥), HWANG Yun-suk (黄允淑), 2009

All rights reserved.

This Chinese (Simplify) Translation was published by BeiJing XueShiShengYi & Culture Development Co., Ltd. in 2012

Published by Henan Science & Technology Press in 2012 by arrangement with Woongjin Think Big Co., Ltd., KOREA through M.J. Agency

版权所有，翻印必究

著作权合同登记号：图字16-2010-186

图书在版编目（CIP）数据

午后的手作时光／（韩）金贞娥，黄允淑著；高烨译．—郑州：河南科学技术出版社，2012.8（2013.5重印）

ISBN 978-7-5349-5880-9

Ⅰ.①午… Ⅱ.①金… ②黄… ③高… Ⅲ.①手工艺品-制作 Ⅳ.①TS973.5

中国版本图书馆CIP数据核字(2012)第157511号

出版发行：河南科学技术出版社
地址：郑州市经五路66号　邮编：450002
电话：(0371) 65737028　65788613
网址：www.hnstp.cn

策划编辑：刘　欣
责任编辑：刘　瑞
责任校对：梁莹莹
封面设计：知墨堂文化

印　　刷：北京瑞禾彩色印刷有限公司
经　　销：全国新华书店

幅面尺寸：180mm×245mm　印张：13.5　字数：200千字
版　　次：2012年8月第1版　2013年5月第2次印刷
定　　价：42.00元

如发现印、装质量问题，影响阅读，请与出版社联系。